科学。奥妙无穷 ▶

U0581549

全球最美的
自然奇观

QUANQIU ZUI MEI DE ZIRAN QIGUAN

中国出版集团
现代出版社

目录

目　录

俄罗斯贝加尔湖

地球是人类赖以生存的星球,一块古老而充满生机的土地。由于地理纬度、海陆分布和地形等地带性和非地带性的影响,地球产生了许多奇特的、令人叹为观止的自然奇观。本书撷取自然界的奇美胜景,为青少年朋友们打开一扇启迪智慧、探索世界的窗口。

贝加尔湖是世界上最深、容量最大的淡水湖,被称为"西伯利亚的蓝眼睛"。其位于俄罗斯西伯利亚的南部伊尔库茨克州及布里亚特共和国境内,距蒙古国边界111千米,是东亚地区许多民族的发源地。1996年被联合国教科文组织列入《世界文化遗产名录》。

地理位置 〉

贝加尔湖是世界上最深和蓄水量最大的淡水湖。位于布里亚特共和国和俄罗斯伊尔库次克州境内。湖形狭长弯曲，宛如一弯新月，所以又有"月亮湖"之称。它长636千米，平均宽48千米，最宽79.4千米，面积5.57万平方千米，平均深度744米，最深点1680米，湖面海拔456米。贝加尔湖湖水澄澈清冽，且稳定透明（透明度达40.8m），为世界第二。其总蓄水量23600立方千米，两侧还有1000—2000米的悬崖峭壁包围着。在贝加尔湖周围，总共有大小336条河流注入湖中，最大的是色楞格河，而从湖中流出的则仅有安加拉河，年均流量仅为1870立方米/秒。湖水注入安加拉河的地方，宽约1000米，白浪滔天。贝加尔湖构造罅隙四周围绕着山脉，这些山脉高度达到2500多米。此湖泊的海底沉积物厚度超过了8千米。这就是为何贝加尔湖罅隙的实际深度为10—11千米。此深度可以与世界海洋最深处的马里亚纳海沟相媲美。

历史变迁 ▷

最早生活在湖边的居民是距今7000年前的肃慎族系先民，后人从他们留下的壁画等物来了解他们的生活方式。在湖岸的萨甘扎巴悬崖壁上刻着海东青、天鹅、鹿、狩猎台、跳舞的萨满巫师等图画，这些图画在1881年被发现。另外，在湖岸上，沿着路边还建有许多石祭台。这些图画和祭台可能是早期居民的生活见证。

公元前6—前5世纪，突厥族库雷坎人从东方迁移至贝加尔湖边，他们在这里遇到了土著居民埃文基人（中国称鄂温克人）。埃文基人以捕鱼、采集野果和养鹿为生。

在西汉时期，"贝加尔湖"是在匈奴的控制范围之内，名曰"北海"，苏武被单于流放到"北海"去牧羊。苏武在北海边艰难熬过19年，最后回到汉都长安。

在东汉、三国和西晋时期，"贝加尔湖"是鲜卑的控制范围，名亦曰"北海"；在东晋十六国时期，"贝加尔湖"改称为"于巳尼大水"；南北朝时期，"贝加尔湖"先被柔然控制，后又被突厥控制，名仍称为"于巳尼大水"；隋朝时期，"贝加尔湖"被东突厥控制，复改称"北海"；到了唐朝前期，"贝加尔湖"成为大唐帝国版图的一部分，归关内道骨利干属，"贝加尔湖"也改称为"小海"；后东突厥（史称后突厥）复国，"贝加尔湖"复归突厥，后又归回鹘所辖，仍称"小海"；

宋朝，"贝加尔湖"被蒙古八剌（音là）忽部控制；13世纪，蒙古后裔布里亚特人也来到贝加尔湖地区。无论是突厥人还是布里亚特人都没能改变埃文基人的生活方式。蒙古帝国时期及元代，"贝加尔湖"又划入帝国版图，属"岭北行省"；明朝时期，"贝加尔湖"被瓦剌不里牙惕部控制；清圣祖康熙三十六年（1697年）和清高宗乾隆二十二年（1757年），喀尔喀蒙古和准噶尔蒙古先后被清军控制或征服。不过之前在清俄《尼布楚条约》中，属于布里亚特蒙古的贝加尔湖以东地区被康熙皇帝划归俄罗斯帝国，清世宗雍正帝在位期间划分清俄中段边界的《布连斯奇界约》和《恰克图条约》签订后，标志着中原王朝最终与贝加尔湖彻底隔离。1908年6月30日，在湖西北方800千米处发生了通古斯大爆炸，部分影响了湖附近的森林。

1643年，叶尼塞哥萨克库尔巴特·伊万诺夫来到贝加尔湖地区时，布里亚特人已经是贝加尔湖地区的"主人"了。库尔巴特绘制了贝加尔湖及注入河流的平面图，这是历史上对贝加尔湖的第一次直观描述。不久后，大司祭阿瓦库姆在生活记录中也描述了贝加尔湖，1655年，他在流放途中经过了贝加尔湖的一些地方。

1729年，彼得大帝派德国人达·梅塞施米特考察西伯利亚，他对贝加尔湖进行了第一次科学考察。20世纪初，学者们绘制出了贝加尔湖的第一张全图，并测量了湖深。1977年，苏联学者使用深水考察仪"派西斯"对贝加尔湖进行了考察，湖里的许多秘密在考察仪的探照灯下"曝光"了，此前一些被怀疑存在的东西也从黑暗的湖里"走"了出来，这件事轰动一时。迄今为止，没有仪器能探测贝加尔湖湖底，湖的最深处并不是1637米，目前还无法探测。

名称寓意 ❯

贝加尔湖的寓意，有三个各不相同的答案：《世界文化与自然遗产情景写真地图版》的解释是"富饶的湖泊"；《彩图版世界文化与自然遗产》则这样记叙：当地的布里亚特人称之为"贝加尔—达拉伊"，意思是"天然之海"；而《世界奇景探胜录》的文字却是："贝加尔"之名据说是1300年前住在这里的库里堪人起的，意思是"大量的水"。

贝加尔湖一词来源于古肃慎语（满语）"贝海儿湖"，中国汉朝时候称其为"北海"，英文"baykal"一词为汉语音译，俄语称之为"baukaji"，源出蒙古语，是由"saii"（富饶的）加"kyji"（湖泊）转化而来，意为"富饶的湖泊"，因湖中盛产多种鱼类而得名。根据布里亚特人的传说，贝加尔湖称为"贝加尔达拉伊"，意为"天然的海"。

贝加尔湖最早出现在书面记载中是在公元前110年前，中国汉代的一个官员在其札记中称贝加尔湖为"北海"，这可能是贝加尔湖俄语名称的起源。关于贝加尔湖名称来源还有一种简单解释：突厥人称贝加尔湖为"富裕之湖"，突厥族语"富裕之湖"逐渐演化成俄语的"贝加尔湖"。我国汉代称之为"柏海"，元代称之为"菊海"，18世纪初的《异域录》称之为"柏海儿湖"，《大清一统志》称为"白哈儿湖"。蒙古人称之为"达赖诺尔"，意为"海一样的湖"，早期沙俄殖民者亦称之为"圣海"。

11

地理特征 〉

• 水文

有 336 条河流注入贝加尔湖，主要是色楞格河，但只有一条河——安加拉河从湖泊流出。在冬季，湖水冻结至 1 米以上的深度，历时 4—5 个月。但是，湖内深处的温度一直保持不变，约 3.5℃。

常年测量结果表明，贝加尔湖湖水的最大透明度达到 40.22 米，这个数值在全世界仅略低于日本的摩周湖而位居第二。透明度高的原因首先在于它深邃的湖盆。贝加尔湖是世界最深的湖泊，其湖盆的平均深度为 730 米，因此尽管湖面常会出现高度 4 米以上的风浪，但距湖面 10 米以下的水体则是一片宁静。

大量的端足类动物使贝加尔湖具有"自体净化"功能。他们能够分解水藻，分解动物尸体，是维持湖水清澈的另外一个主要原因。此外，贝加尔湖属于贫营养湖，水中氮、磷等营养元素含量低，藻类植物的密度也比较小。正是由于这些原因，贝加尔湖的湖水才显得那么晶莹剔透。科学家在对湖水取样分析后认为，按照相关标准，贝加尔湖水属于水质最好的一类水，只需滤去水中的浮游生物，就可以直接饮用。

世界最深湖泊，最深处达 1620 米。长 636 千米，平均宽 48 千米，面积 31500 平方千米。湖水容量 23600 立方千米。有 336 条大小溪河注入，最大的是色楞格河、巴尔古津河、上安加拉河、图尔卡河和斯涅日纳雅河。

其总蓄水量相当于北美洲五大湖蓄水量的总和，约占地表不冻淡水资源总量的 1/5，据说，贝加尔湖的淡水够人类喝 100 年。

• 气候

　　贝加尔湖周围地区的冬季气温，平均为 −38℃，确实很冷，不过每年 1—5 月，湖面封冻，放出潜热，已减轻了冬季的酷寒；夏季湖水解冻，大量吸热，降低了炎热程度，因而有人说，贝加尔湖是一个天然双向的巨型"空调机"，对湖滨地区的气候起着调节作用。一年之中，尽管贝加尔湖面有 5 个月结起 60 厘米厚的冰，但阳光能够透过冰层，将热能输入湖中形成"温室效应"，使冬季湖水接近夏天水温，有利于浮游生物繁殖，从而直接或间接为其他各类水生动物提供了食物，促进了它们的发育生长。据水下自动测温计测定，冬季贝加尔湖的底部水温至少有 −4.4℃，比湖的表面水温高。贝加尔湖可调节湖滨的大陆性气候。

• 地质

  贝加尔湖是世界最古老的湖泊之一，是由印度板块和欧亚板块碰撞形成的，绝大多数科学家认为贝加尔湖深处特有的动物残遗种约形成于3000万年前到2000万年前。贝加尔湖的产生据说是因为亚洲地壳沿着一条断层慢慢拉开，出现了一条地沟。起初，这条地沟深8千米，但随着岁月流逝逐渐被淤泥填塞，从淤泥中的微生物化石可以显示其形成年代。绝大多数的湖泊，特别是冰河时期的湖泊，都形成于1500万年前到1万年前。然后这些湖泊渐渐被沉积物填满，变成季节性沼泽、沼泽，最后彻底干涸。最近的研究表明贝加尔湖不是一个即将消失的湖泊，而是一个出于初始期的海洋，和非洲东部的红海一样，贝加尔湖的湖岸每年以2厘米的速度向两边拉开。贝加尔湖拥有作为许多海洋的典型特征——深不可测、巨大的库容、暗流、潮汐、强风暴、大浪、不断变大的裂谷、地磁异常等等。贝加尔湖是不对称的，西部的坡面比东部更加陡峭。

  从地质构造上看，贝加尔湖是一个断谷的凹部，一个深入到地下15—20千米深处的大裂口。贝加尔湖和它的汇水区是世界上一个独特的地质体系。贝加尔湖位于西伯利亚东部中心地区，接近亚洲的地理中心。贝加尔湖的山谷洼地是西伯利亚地区重要的自然屏障。这一自然屏障将不同的动植物区分开，在这里生长着许多独

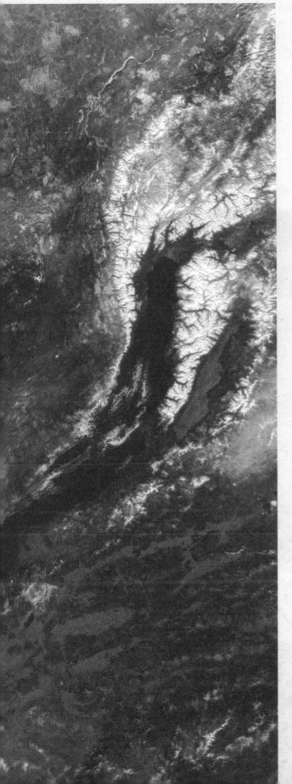

特的生物群落。

贝加尔湖位于一很深的构造山谷地带，四周高山围绕，有的高出湖面 2000 米。湖底沉积层厚达 6100 米。岸边有死火山遗址。

湖底谷地两岸地形不对称，西岸为陡坡，东岸坡势较缓。8% 的湖底很浅，只有 50 米深。曲折的湖岸线总长 2100 千米，在巴尔古津湾、奇维尔库斯基湾和普罗瓦尔湾，以及阿亚亚小港和弗罗里哈小港等处有很大的凹入处。东岸有一半岛伸入湖中，名圣角半岛。湖中有 27 个岛屿，最大的岛屿是奥利洪达岛（长 71.7 千米，最宽 15 千米，面积约为 730 平方千米）。大乌什卡尼岛面积 8 平方千米。

地壳运动尚在继续，偶尔发生强烈地震；每年贝加尔湖大约会发生 2000 次地震，其中大多数地震都比较小，只有通过地震仪才能探测到。每隔 10—12 年会发生一次 5—6 级的大地震，每隔 20—30 年会发生一次 7—9 级的灾难性大地震，有时震级可能还会更高。1862 年和 1959 年中部湖盆曾发生过两次大地震。1959 年，9.5 级的大地震使湖底下降了 15—20 米。1962 年 10 级的大地震使色楞格北部河口区下沉了面积为 200 平方千米的面积。最近形成的 Proval 湾的深度是 3 米。地壳断裂处不断有新的热矿泉产生，湖底有洞穴和裂缝，地底热气从这些洞穴和裂缝中不断泄出，以至附近的水温增到 10℃。

• 生态资源

　　湖中有植物 600 种，水生动物 1200 种，在水面或接近水面有约 600 种植物，其中 3/4 为贝加尔湖特有的，从而形成了其独一无二的生物种群，如全身透明的凹目白鲑和银灰色的著名珍稀动物贝加尔海豹等，各种软体动物、海绵生物以及海豹等珍稀动物。贝加尔湖中有约 50 种鱼类，分属 7 科，最多的是杜文鱼科的 25 种杜文鱼。大马哈鱼、苗鱼、鲱型白鲑和鲟鱼也很多。最值得一提的是一种贝加尔湖特产湖鱼，名胎生贝湖鱼。属胎生贝湖鱼科，由母鱼直接产下仔鱼。因而被称为"神圣的西伯利亚湖"。唯一的哺乳动物是贝加尔海豹。贝加尔湖区有 320 多种鸟。

• 植物资源

贝加尔湖沿岸生长着松、云杉、白桦和白杨等组成的密林，这里河汊纵横，植物生长茂盛，覆盖度高。除距河口较远的上游区域有一些牧场外，当地基本保持了自然状态。

贝加尔湖两岸是针叶林覆盖的群山。山地草原植被分别为杨树、杉树和落叶树、西伯利亚松和桦树。贝加尔湖西岸是针叶林覆盖的连绵不断的群山，有很多悬崖峭壁，东岸多为平原。由于两岸气候的差异，自然景观也就迥然不同。

在这里，可以看到被称为贝加尔湖自然奇观之一的高跷树。树的根从地表拱生着，成年人可以自由地从根下穿来穿去。它们生长在沙土山坡上，大风从树根下刮走了土壤，而树根为了使树生存下来，却越来越深地扎入贫瘠的土壤中。

17

• 动物资源

在生物学家眼里，贝加尔湖不仅风光秀丽，在这里所发现的 3000 多种动植物中大部分属于特有品种。湖中盛产稀有生物物种。贝加尔湖是俄罗斯出产稀有物种最多的地方。这里的稀有物种多是特产，举世难寻，如味道最鲜美的秋白鲑、讨人喜爱的环斑海豹等等，数不胜数。虽是淡水湖，贝加尔湖也生长有硕大的北欧环斑海豹和髭海豹。

• 胎生贝湖鱼

在贝加尔湖里数量最多的鱼是贝湖鱼。这是一种很小，像玻璃一样透明的鱼，其脂肪占了自身一半的重量。众所周知，深海鱼有能够摆脱重大水压的特殊水泡。贝湖鱼却没有这样的水泡，但是它能生活在很深的地方。50 亿贝湖鱼物种的总生物量大约是 160000 吨，此重量是所有其他鱼加起来的 2 倍重。

胎生贝湖鱼是一种通体呈半透明的小鱼。胎生鱼的特殊之处在于母鱼在繁殖期产出体外的不是鱼卵，而是可以自由活动捕食的幼鱼。在全世界已知的鱼类中，胎生鱼所占的比例非常小。

胎生贝湖鱼生活在水面以下 50—1500 米，广泛分布在贝加尔湖除湖岸附近的各个水域，是环斑海豹、秋白鲑等动物的主要食物。科学家认为，这类鱼是在贝加尔湖冰冷的湖水中经过长期进化而来的，但是它们从卵生鱼变为胎生鱼的具体原因和时间仍然是个未解之谜。

胎生贝湖鱼

• 环斑海豹

贝加尔湖的一个有趣的哺乳动物代表是淡水海豹和贝加尔湖海豹，它们是北方海豹的亲系。科学家认为贝加尔湖海豹在冰河时期从冰海出发，经过艾尼斯河和安加拉河来到了贝加尔湖。现在贝加尔湖海豹的数量是 60000 只。这种海豹能活 50 多年，并且 1 只雌贝加尔湖海豹可以繁殖多达 20 只小海豹。

环斑海豹也是当地的标志性动物。环斑海豹主要栖息地位于湖北部的乌什卡尼群岛。尽管贝加尔湖的海豹数以万计，但是只有在那里的沙滩上才可以近距离看到。而在其他水域，环斑海豹除浮出水面换气外，大部分时间潜在水下。另外，它们生性胆小，视觉和听觉又很敏锐，船舶马达的轰鸣常会把它们吓跑。冬季时，海豹在冰中咬开洞口来呼吸，由于海豹一般是生活在海水中的，人们曾认为贝加尔湖由一条地下隧道与大西洋相连。实际上，海豹可能是在最后一次冰期中逆河而上来到贝加尔湖的。

原来，贝加尔湖海豹是来自北冰洋的"远方客人"。这种体形圆且肥胖的动物在水中颇为灵巧，游泳速度可达到每小时 20 千米。海豹的四肢为鳍状，后肢与尾部相连，永远向后，不能步行，所以它们在陆地上非常笨拙。科学家认为，环斑海豹应该是经叶尼塞河及其发源于贝加尔湖的支流——安加拉河来到这里的，并在此逐渐演变成世界上独一无二的淡水海豹。

19

秋白鲑

绢蝶

• 秋白鲑

秋白鲑是贝加尔湖的主要经济鱼种。同环斑海豹一样，这种鱼也属于贝加尔湖的特有生物种类，据生物学家说，秋白鲑的祖先同样来自于其他水域。

• 昆虫

绢蝶翅膀是白色的，上面点缀着黑色和红色的斑点。绢蝶大多分布在高寒地区，在我国的江苏地区主要以凤蝶和粉蝶为主。绢蝶不同于凤蝶，它的翅近圆形，无臀横脉，后翅也没有尾突。绢蝶翅面的鳞片比较稀少，半透明状，很薄，如丝绸般，绢蝶一名由此而来。绢蝶是忠实于初恋的昆虫，雌蝶一旦与雄蝶交配，就会在腹部末端生出角质臀袋，拒绝再与其他雄性接触，实行严格的一夫一妻制，恪守着坚贞的爱情。绢蝶臀袋的形状各种各样，这是分类学上重要的依据之一。

贝加尔地区的眼蝶大多为灰褐色，翅上披有毛状鳞片，在翅近边缘区有一些或大或小的黑色眼点，中央为淡蓝色，像一颗颗美丽的蓝眼睛，在草丛中忽闪着，煞是好看。眼蝶通常喜欢在日荫下飞翔，因而在国内又被称为日荫蝶。而灰蝶体型比较小，翅背面通常有金属光泽的蓝、绿、紫铜及青铜等色，腹面一般颜色较暗。

贝加尔湖还有一种美丽的孔雀蛱蝶。它翅展 53—63mm，体背黑褐，披棕褐色短绒毛。触角棒状明显，端部灰黄色。翅呈鲜艳的朱红色，翅反面是暗褐色，并密布黑褐色波状横纹。翅上有孔雀羽般的彩色眼点，似乎在警戒他人不要靠近。蛱蝶与其他种类的蝴蝶有一个很大的区别，即蛱蝶的前足退化无爪，不再使用，因而人们常常误解蛱蝶只有两对足，而实际上它的前足隐藏在胸前，需要小心地拨开胸部的绒毛才能看清。

孔雀蛱蝶

眼蝶

• 矿产资源

　　湖底蕴藏着丰富的资源。蓝蓝的湖水下面更是珍宝无数，据考察，贝加尔湖湖底埋藏着丰富的贵金属矿。不仅如此，去年还在湖底罕见地发现了冻结的沼气和天然气。地下埋藏着丰富的煤、铁、云母等矿产资源，湖中盛产多种鱼类，是俄罗斯重要渔场之一。

• 旅游资源

　　贝加尔湖地区阳光充沛，雨量稀少，冬暖夏凉，有矿泉 300 多处，是俄罗斯东部地区最大的疗养中心和旅游胜地。西伯利亚第二条大铁路——贝阿大铁路，西起贝加尔的乌斯季库特，东抵阿穆尔的共青城。铁路沿湖东行，沿途峭壁高耸，怪石林立，穿行隧道约 50 处，时而飞渡天桥，时而穿峰过峡，奇险而壮美。贝加尔湖大量的温水湾和异域风情的奥利洪岛吸引大量游客到这里来旅游参观。再加上这里相对适宜的气候、美丽的风景、大量的自然和古迹、不同种类的生物群、清新的空气、原生态环境以及独特的休闲资源使得贝加尔湖拥有超高的旅游休闲潜力。奥利洪岛是 6—10 世纪古文化的最大文化中心，被认为是萨满教的宗教中心。这里的民族传统、习俗以及独特的民族特征都被完整地保存了下来。湖呈长椭圆形，似一镰弯月镶嵌在西伯利亚南缘，景色奇丽，令人流连忘返。俄国大作家契诃夫曾描写道："湖水清澈透明，透过水面就像透过空气一样，一切都历历在目，温柔碧绿的水色令人赏心悦目……"

• 湖光山色

贝加尔湖确实有很多美丽的地方，但又令人难以说出哪儿最美。在东岸，奇维尔奎湾像王冠上珍贵的钻石一样绚丽夺目。从湖的一侧驶向奇维尔奎湾，可看到许多覆盖着稀少树木的小岛，它们像卫兵似的保卫着湖湾的安全。湾里的水并不深，夏天在克鲁塔亚港湾还可以游泳。在西岸，佩先纳亚港湾像马掌一样钉在深灰色岩群之间。港湾两侧矗立着大大小小的悬崖峭壁。这里是非常适合疗养、度假的地方。在这里，可以看到被称为贝加尔湖自然奇观之一的高跷树。树的根从地表拱生着，成年人可以自由地从根下穿来穿去。它们生长在沙土山坡上，大风从树根下刮走了土壤，而树根为了使树生存下来，却越来越深地扎入贫瘠的土壤中，这是树的顽强和聪明。湖岸群山环抱，溪涧错落，原始森林带苍翠茂密，湖山相映，水树相亲，风景格外奇丽，被伟大的文学家契诃夫誉为"瑞士、顿河和芬兰的神妙结合"。贝加尔湖畔阳光充沛，有300多处温泉，所以成了俄罗斯东部地区最大的疗养地。贝加尔湖畔约有40座小城镇，以前这里居民可以取清澈纯净的湖水饮用，但是在今天，湖水业已受到工业污染，即便如此，湖水看上去依然很清澈。在冰雪融化的5月，可以看清40米深水下的物体，其他湖泊能看透20米深都是少见的。

贝加尔湖四周陆地冰封得比湖水早得多。从10月份开始，群山的峭壁就已经银装素裹，落叶松、云杉、西伯利亚杉等树林也盖满了冰雪，远远望去只见一片微微闪光的银色世界。未到一月，大部分湖面即已结冰，有的地方冰层厚达1.5米。当地人驾驶汽车和卡车在冰上打洞捕鱼。在风平浪静时冻成的冰层，就像玻璃一样透明，可以看到鱼在冰下游弋。但是大多数是起伏的大块浮冰。冰块常常迸裂，发出炮声似的响声。

 圣石传说

在湖水向北流入安加拉河的出口处有一块巨大的圆石,人称"圣石"。当涨水时,圆石宛若滚动之状。相传很久以前,湖边居住着一位名叫贝加尔的勇士,膝下有一美貌的独女安加拉。贝加尔对女儿十分疼爱,又管束极严。有一日,飞来的海鸥告诉安加拉,有位名叫叶尼塞的青年非常勤劳勇敢,安加拉的爱慕之心油然而生,但贝加尔断然不许,安加拉只好乘其父熟睡时悄悄出走。贝加尔猛醒后,追之不及,便投下巨石,以为能挡住女儿的去路,可女儿已经远远离去,投入

了叶尼塞的怀抱。这块巨石从此就屹立在湖的中间。

贝加尔湖出口的宽度大约有1000米,立于湖水出口正中央的巨大圆石称作"谢曼斯基",当河水泛滥时,这块神奇的圆石看上去像在滚动。湖岸溪涧错落,群山环抱。湖水杂质极少,清澈无比,湖水清澈的原因据说是贝加尔湖底时常发生地震,地震产生的化学物质沉淀湖底,使湖水净化。湖水透明度竟深达40.5米,因而被誉为"西伯利亚明眸"。

四季风景 ⟩

贝加尔湖的景色季节变化很大。夏季，尤其是8月左右，是它的黄金季节。这时节，湖水变暖，山花烂漫，甚至连石头也在阳光下闪闪烁烁，也像山花一样绚丽；这时节，太阳把重新落满白雪的萨彦岭的山峰照得光彩夺目，放眼望去，仿佛比它的实际距离移近了数倍；这时节，贝加尔湖正储满了冰川了融水，像吃饱喝足的人通常所做的那样，躺在那里，养精蓄锐，等候着秋季风暴的到来；这时节，鱼儿也常大大方方地相约在岸边，伴着海鸥的啾啾啼鸣在水中嬉戏，路旁，各种各样的浆果俯拾皆是——一会儿是齐墩果，一会儿是穗醋栗，一会儿是忍冬果，有红的，有黑的……

冬天的贝加尔湖，凄厉呼号的风把湖水表面化成晶莹透明的冰，看上去显得那样薄，水在冰下，宛如从放大镜里看下去似的，微微颤动，你甚至会望而不敢投足。其实，你脚下的冰层可能有1米厚，兴许还不止。春季临近之际，积冰开始活动，冰破时发出的巨大轰鸣和爆裂声似乎是贝加尔湖要吐尽一个冬天的郁闷和压抑。冰面上迸开一道道很宽的深不可测的裂缝，无论你步行或是乘船，都无法逾越，随后它又重新冻合在一起，裂缝处蔚蓝色的巨大冰块叠积成一排排蔚为壮观的冰峰。

25

民俗特色 〉

贝加尔湖民俗博物馆位于贝加尔湖的东岸，离湖边60千米，驱车可前往。民俗博物馆坐落在一片林中空地上，露天式。馆内有许多东方游牧民族的生活设施：埃文基人的兽皮、桦皮帐篷，布里亚特贫民的蒙古包，俄罗斯古布里亚特民族的木制小屋，以及草棚、粮仓、澡堂、鸡舍等。加上居民别具风情的民族服装、服饰、佩挂精美鞍具的骏马，这一切在大森林的衬托下，俨然一幅美丽的天然风景画。乌兰乌德其他旅游参观点还有喇嘛教堂、自然博物馆等。

贝加尔湖地区居民相信，贝加尔湖不会"归还"得到的任何东西，湖太深，沉入水中的东西无法探寻。据传说，所有沉入湖中的东西都被送到湖中最大的岛奥利洪岛上，这是"湖神"布尔汗的"仙居之地"。布里亚特人供奉布尔汗。当地居民都称贝加尔湖为海。渔夫、淘金者、矿工、学者、摄影师和旅游者等也异口同声地说贝加尔湖像大海一样变幻无常，这里水流奔腾，风云莫测。

老住户们习惯了贝加尔湖的脾气，摸透了"湖神"的秉性。他们千方百计地侍奉他，希望能讨个平安。在当地，当人们喝伏特加时，都要往地上倒几滴以敬湖神。在路上碰到祭台时，都要献上钱币、糖果、香烟，甚至是火柴等供品。

环境保护 ＞

虽然贝加尔湖很独特，但它仍然受到很多环境问题的威胁，包括：由贝加尔造纸公司直接排入贝加尔湖的污水中所含的各种有毒物质；从工厂污泥塘流出的废水和随之而来的地下水污染；湖滨带没有被控制的各种工业污水、生活污水以及旅游业带来的污染；计划建立的要穿越贝加尔湖流域或者离贝加尔湖流域很近的天然气和石油的输送管道，作为俄罗斯境内一处世界自然遗产的保护状况（根据法律，俄罗斯境内的世界自然遗产需要"重点保护"，而现实却并非如此）；贝加尔湖流域的森林砍伐和森林火灾；由色楞格河入湖的各种污染物；各种航运船只排入贝加尔湖的废水中含有的污染物；其他问题。

1966年在贝加尔湖南岸修建一座纸浆造纸厂，因其废水污染湖水环境，引起苏联科学家和作家的强烈抗议。1971年苏联政府通过并实施一项保护湖水不受污染的法令。科学院西伯利亚分院湖沼研究所和贝加尔疗养院位于利斯特维扬卡镇，伊尔库茨克州立大学流体生物研究站在大科蒂。贝加尔湖独特的自然景观以及它如画的风景为发展从生态旅游到极致旅游提供了独特的可能性。贝加尔湖沿岸分布着130个旅游基地和休养基地，客容量可达到12000人。

近些年来沿岸工业的发展，特别是南岸工厂尘烟的撒落，湖水受到污染。不过俄罗斯政府已经提出了一项保护贝加尔湖的法令，其中包括纸浆厂必须改造，到1993年已全部实现了无害于环境的生产活动。因贝加尔湖具有得天独厚的条件，俄罗斯专门在这里建立了"贝加尔湖自然保护区"。

事故频发 >

贝加尔湖脾气暴躁，经常掀翻船只。自有记载以来，贝加尔湖的历史就是一部沉船史。1702年9月14日，风暴掀翻了往乌索利耶送钱款的大舢板。1890年，"沙皇皇储"号汽船在暴风雨中沉入湖底。1900年10月4日，商人济良诺夫的露舱平底货船连船带货在风暴中沉没。1903年8月9日，龙卷风一天之内向湖神"进献"了40艘驳船。

除风浪外，冬天贝加尔湖面的冰也是隐形杀手。19世纪末，一队运送银货的雪橇商队就从冰面上沉入深渊。冬天贝加尔湖面的冰很厚，有些地方厚达1米，但它们并不是一个整体，冰块间有缝隙，这些缝隙时大时小，有的缝隙整个冬季都不结冰。

此外，贝加尔湖湖底经常涌出热泉，泉水升到水面上会融化掉一部分冰，冰层就变薄了。冬天，冰上覆盖着雪，行人辨别不出冰的厚薄，容易陷落湖中。不仅如此，环斑海豹为了呼吸，常在冰上凿洞。每年2—3月份的繁殖季节，母海豹也在冰上凿洞，把小海豹送到水面上，然后定期游来喂养它们。

对海豹来说，凿冰洞是为了生活，而对人来说，冰洞则意味着死亡，这些冰洞每年要吞没几十人。在奥利洪湾一个不长的湖段，仅2003年俄紧急情况部的巡逻队就发现了100艘（辆）沉没的快艇和汽车。

在1908年6月30日，在湖西北方800千米处发生了通古斯大爆炸，影响了湖附近的森林。

水怪谜团 ＞

一提到贝加尔湖，第一个想到的就是贝加尔湖水怪。贝加尔湖也因为水怪的传闻而被披上了一层神秘的面纱。

由于贝加尔湖生成的年代久远，在幽深的湖底生活着很多珍稀生物，是世界上拥有濒临绝种的特有动植物最多的湖，共有848种动物和鱼类、133种植物濒临灭绝。同时，因为贝加尔湖是亚欧大陆上最大的淡水湖和世界上最深和蓄水量最大的湖，尽管湖面平静，却时有起雾的天气，加上湖的深度，让人们不知不觉间产生了诸多联想。不少科学家考察认为：某些古老的物种经过漫长时间的演变，可能逐渐演变为成为人们口中的"水怪"，但同尼斯湖水怪一样，至今仍没有确切的证据和足够清晰的照片表明"水怪"的存在。

美国阿拉斯加冰河湾

冰河湾形成于4000年前的小冰河时期，数千年后冰河不断向前推进，并在1750年时达到鼎盛，然而自此之后冰河却开始融化后退。

冰河湾国家公园位于美国阿拉斯加，距旧纽西50英里，占地330万公顷，围绕在陡峭的群山中，只能乘船或飞机到达。那里有无数的冰山、各类鲸鱼和因纽特人的皮划舟。冰河湾游人在那里居住在帐篷中或在乡村田舍中。根据碑文的记载。冰河湾国家公园最引人入胜的景观之一就是巨大海湾中活动着的冰河。约翰·缪尔是第一个仔细研究冰河的自然学家，他从1879年起几次来到这里，为这里美丽多姿的冰河所征服。自约翰·缪尔探险时代之后，冰河沿海湾向北移动了很远，这种现象在北半球其他地方也曾被发现。

冰河湾国家公园及保护区是1980年命名的，占地10784平方千米。这一国家公园无公路跟外界连接，但每年都有数十万的游客来参观。我们现在所见到的冰河据说是4000年前的小冰河时期形成的，而不是1—100万年中间的更新世纪元的产物。乘坐游轮，可以观看马杰瑞冰河和约翰·霍普金斯冰河。这两个冰河被称为"到海冰河"，冰河经长期的堆挤，直接倾泄入海。据介绍，那些冰川的下滑速度每天大约为7英尺，面临海水的那些冰川差不都是三四百年前从山上一尺一尺地滑行下来的。这些冰河在海湾里形成一堵好几十米高的冰雪墙。这冰雪墙不时地崩塌着，有时会有大的冰山坠入海里。在夏天的时候，那些大的冰山大概会经过一个星期或者更长的时间才会融化掉。

地理环境 〉

冰河湾国家公园坐落在美国阿拉斯加州和加拿大交界处，整个冰河湾最北缘，即是所谓的泛太平洋冰河，这个冰河的特殊之处在于冰河前缘后3.2千米的范围，即进入加拿大的卑诗省的范围，美国阿拉斯加州与加拿大卑诗省之间的国界即位于此；亦即冰河前半部的3.2千米是属于美国国土，之后的整个冰河区域则属于加拿大所有。从泛太平洋冰河、马杰瑞冰河及其东侧冰河，都是此间非常奇伟的冰河，尤其以位于马杰瑞冰河，西边的费维乐山之15300米的高度最为雄伟，这一片无银无际的冰河，即是搏得自然学家约翰·缪尔感叹赞美的地方，更有个冰河是以他的名字命名为Muir Glacier。

冰川现状 〉

1794年，英国航海家温哥华乘"发现"号来到艾西海峡时，还没有冰川湾。他所看到的只是一条巨大的冰川的尽头——一堵16千米长、100米高的冰墙。但是85年后美国自然学家缪尔来到此地，发现的是一个广阔的海湾。冰川已向陆地缩回了77千米。

现在，在冰河湾国家公园里，冰蚀的峡湾沿着两岸茂密的森林，伸入内陆100千米，尽头是裸露的岩石，或是从美加边境山脉流下的16条冰川中的某一条。高的山峰远远耸立在地平线上，俯视这片哺育冰川的冰雪大地，其中最高峰是海拔4670米的费尔韦瑟峰。

1879年，自然家缪尔曾经攀登过高耸入云的费尔韦瑟峰。他描述"翼状的云层环绕群峰，阳光透过云层边缘，洒落在峡湾碧水和广阔的冰原上"；还描述"黎明景色非凡美丽，山峰上似有红色火焰在燃烧"。陶醉其中的缪尔写道："那五彩斑斓的万道霞光渐渐消退了，变成了淡淡的黄色与浅白。"如此美景至今仍可看到。

33

气候、植被 〉

冰河湾沿海地区属于海洋性气候。夏季，融化的雪水在冰川底部咆哮，冲蚀出洞穴和沟渠，不断融化的冰川薄得无法支撑时，便轰的一声塌下来。在最近的几个世纪里，冬季的降雪量不及夏季的冰雪消融量，于是冰川以每年400米的速度后退。缪尔冰川在7年中后退了8000米。冬季气候温和湿润。内陆属于高海拔地区，气候终年严寒。整个地区年平均降水量约1800毫米，海边地带为2870毫米，内陆为390毫米。冰河湾是一块尚未被开发的荒野，因近两个世纪来的冰川迅速融化和16个潮汐冰山的形成而引起世人瞩目。这里的16个潮汐冰山占世界上已发现的30个潮汐冰山的一半以上。冰河湾还有许多有特色的海洋物种。

这里的土壤层逐渐形成，阴地植物根部的固氮细菌使土壤肥沃。一簇簇矮桤木和柳树出现了，接着出现了更高大的黑三角杨，最后让位给铁杉林和云杉林，它们现已遍布海岸。出现植被后，吃植物的动物随之出现，继而出现猛禽和猛兽，如狼等。夏季，巨大的冰山为海狗提供了栖息地。夏季还有14米长的座头鲸到来，它们在夏威夷过冬后，便来此翻腾嬉戏。

约翰·缪尔目睹了无数冰山并为之神往。他写道："它们几个世纪来一直在冰川中蠕蠕而行，如今终于得以摆脱，在水中沉浮翻转，成为蓝色水晶岛逍遥漂流。"在18、19世纪，这里出现了比较稳定的居民群，居住在阿尔塞克河的边缘地带。有许多证据显示这条河在历史上占有很重要的地位。除了当地居民，也发现了欧洲人到过这里的痕迹，他们挖矿、做皮毛交易、伐木、捕鱼和进行探险活动。潮湿的气候和植物的快速生长掩盖了大部分的人类居住痕迹。

著名冰河 >

整个冰河湾国家公园包含了18处冰河、12处海岸冰河地形，包括沿着阿拉斯加湾和利陶亚海湾的公园西缘。几个位置遥远，且罕有观光客参观的冰河都属于冰河湾国家公园所有。

• 泛太平洋冰河

是一处退却的冰河，1879年缪尔抵达时，已向北退却了约24千米；1999年长度约为40千米、宽度约为2300米、高度约100米，是冰河湾国家公园最壮丽的到海冰河，穿越于美国阿拉斯加州及加拿大卑诗省的边界。目前此冰河表面覆盖着大量由上游携来的泥沙，略显灰暗。

• 马杰瑞冰河

1912 年由于泛太平洋冰河的退却而独立分开，成为另一独立的到海冰河，22.4 千米长、1.6 千米宽、59—122 米高；其洁白狰狞的冰岩断面，更显其壮丽，与泛太平洋冰河一起被称为最美的冰河。马杰瑞冰河由于少了泥沙覆盖的保温，在夏季许多情况下人们会目睹其冰河崩塌的奇景，体会隆隆的巨响，它有如天籁般的绝妙声音。冰山的崩裂除了隆隆巨响外，同时也激起冰河区内的水里及天上的生物一阵骚动。飞鸟、海豹追逐着因冰裂所激起的游鱼。大自然食物链的神奇，着实让人赞叹。原来冰河湾国家公园并不是一片凄清安静，而是一片生气盎然的世界。阳光下的冰河湾是洁白狰狞的大自然雕塑。原来呈现在我们眼前的冰河，是几十年甚至数百年以来累积下的结晶。

• 哈普金冰河

哈普金冰河约 20 千米长、1600 米宽、61—122 米高；为纪念约翰·哈普金 1879 年与约翰·缪尔一起进入冰河湾而得名。

• 瑞德冰河

　　瑞德冰河位于瑞德内湾。瑞德内湾为冰河湾国家公园进出泛太平洋冰河及马杰瑞冰河的通道，由于冰河的堆积与密度的不同，在切割的冰雕间，可以看到原来冰不是只有一种颜色，还有各式各样的蓝色，在迷蒙的雾中更添一分神秘的色彩。

冰河成因 >

冰河湾国家公园中冰河的形成，是因为积雪速度超过融雪速度所致。简单来说，高山地区温度比平地低，每上升100米，温度即降低0.6℃，当温度降至0℃时，又有足够的湿度及雨量，便会下雪；而下雪的地方，形成一条无形的线，即所谓雪线。雪线以下温度未达0℃，不会下雪；雪线以上的地区，温度为0℃以下，才会下雪。当冬天来临时，温度降低，雪线以上的高山地区快速积雪；而春天来临时，温度上升，将积雪融化成水。当积雪还未完全融化的时候，冬天又来了。于是温度降低，水遇冷结成冰，并再次下雪，堆积在原先的结冰上。如此年复一年，当冰的厚度累积到某种程度时，因地心引力，便顺山势滑动，于是形成冰河。

38

冰河呈蓝色的原因 〉

　　冰河磨松河壁，造成大小不一的岩石碎块。碎石夹杂在冰河内部或压在冰河底，被带到了湖泊。大块的碎石沉淀形成三角洲，小块的碎石则散入湖区，只剩下最小的类似波形瓦的冰块浮在水中。分布在水中的冰块，可以折射光线中的蓝色和绿色光线。因此这些冰河就有了举世闻名的特殊色彩。随着冰河融化的季节，湖泊的色彩会因水中的冰块增加而更加光彩夺目。冰河的表层若是呈现出白色及灰色的色彩，是因为里面含有空气及杂质，影响了光线的折射。在冰河较深层的冰块，因冰河流动的推挤过程自然会将空气及杂质挤压出来，所以呈现蓝色的光泽。经过挤压的冰块结晶大都是同样的大小，而且能够在日光中呈现蓝色波。

39

缪尔冰川 >

缪尔冰川，位于冰河湾内，在阿拉斯加北端突出的地方，是以自然学家缪尔的名字命名的。狭长的冰川湾伸入内陆约105千米，边缘地带还有更多的小湾（其实这是由冰川所刻凿出来的），这些小湾多是遽然而起的冰壁，而这冰壁即为自山坡延伸至海岸的冰山鼻。自1982年以来，缪尔冰川后退速度很快。随着冰川的后退，植物很快的代替冰川，而覆盖了地表。除冰川外，冰川内的野生动物也深深吸引着各地的游客。图为一群海豹在缪尔冰川的一角栖息，这种海豹大多长着厚而粗糙的皮和一层厚厚的脂肪（通常有11—13cm），这层脂肪除了可以将它们与寒冷的外界隔离，还可以为它们储存能量以应付食物短缺的季节。

特有动物 ⟩

白头海雕又叫秃鹰、白头鹫，生活在北美洲的西北海岸线，常见于内陆江河和大湖附近，是世界珍禽之一。幼雕的羽毛是全白的，长大时褐色羽毛覆盖到只余下头部，所以从远处观看它们的头好像是秃的，但事实上它们的头一点也不秃。白头海雕虽然外貌美丽，但性情凶猛，体长近1米，展翅宽约2米，有"百鸟之王"的美誉。白头海雕飞行能力很强，在阿拉斯加冰河湾国家公园内的峡湾两岸的森林亦可看到它的身影。它们经常在半空中向一些较小的鸟发起攻击，夺取它们的食物。被攻击的鸟往往都会屈服，将食物扔掉，使白头海雕非常轻便地得到美餐。白头海雕也靠捕食鱼蛙为生，也能吃海边的大型鱼类的尸体。

美国科罗拉多大峡谷

科罗拉多大峡谷是一处举世闻名的自然奇观，位于美国西部亚利桑那州西北部的凯巴布高原上，大峡谷全长446千米，平均宽度16千米，最大深度1740米，平均谷深1600米，总面积2724平方千米。由于科罗拉多河穿流其中，故又名科罗拉多大峡谷，它是联合国教科文组织选为受保护的天然遗产之一。

大峡谷是科罗拉多河的杰作。这条河发源于科罗拉多州的落基山，洪流奔泻，经犹他州、亚利桑那州，由加利福尼亚州的加利福尼亚湾入海。全长2320千米。"科罗拉多"在西班牙语中，意为"红河"，这是由于河中夹带大量泥沙，河水常显红色，故有此名。

科罗拉多河的长期冲刷，不舍昼夜地向前奔流，有时开山劈道，有时让路回流，在主流与支流的上游就已刻凿出黑

峡谷、峡谷地、格伦峡谷、布鲁斯峡谷等19个峡谷，而最后流经亚利桑那州多岩的凯巴布高原时，更出现惊人之笔，形成了这个大峡谷奇观，而成为这条水系所有峡谷中的"峡谷之王"。

科罗拉多大峡谷的形状极不规则，大致呈东西走向，蜿蜒曲折，像一条桀骜不驯的巨蟒，匍匐于凯巴布高原之上。它的宽度在6—25千米之间，峡谷两岸北高南低，平均谷深1600米，谷底宽度762米。科罗拉多河在谷底汹涌向前，形成两山壁立、一水中流的壮观，其雄伟的地貌，浩瀚的气魄，慑人的神态，奇突的景色，世无其匹。1903年美国总统西奥多·罗斯福来此游览时，曾感叹地说："大峡谷使我充满了敬畏，它无可比拟，无法形容，在这辽阔的世界上，绝无仅有。"有人说，在太空唯一可用肉眼看到的自然景观就是科罗拉多大峡谷。

科罗拉多大峡谷谷底宽度在200—29000米之间。早在5000年前，就有土著美洲印第安人在这里居住。大峡谷岩石是一幅地质画卷，反映了不同的地质时期，它在阳光的照耀下变幻着不同的颜色，魔幻般的色彩吸引了全世界无数旅游者的目光。由于人们从谷壁可以观察到从古生代至新生代的各个时期的地层，因而被誉为一部"活的地质教科书"。

43

峡谷成因 >

　　科罗拉多高原为典型的"桌状高地"，也称"桌子山"，即顶部平坦侧面陡峭的山。这种地形是由于侵蚀作用（下切和剥离）形成的。在侵蚀期间，高原中比较坚硬的岩层构成河谷之间地区的保护帽，而河谷里侵蚀作用活跃。这种结果就造成了平台型大山或堡垒状小山。

　　科罗拉多高原是北美古陆台伸入科迪勒拉区的稳定地块，由于相对稳定，地表起伏变化极小，而且在前寒武纪结晶岩的基底上覆盖了厚厚的各地质时期的沉积，其水平层次清晰，岩层色调各异，并含有各地质时期代表性的生物化石。岩性、颜色不同的岩石层，被外力作用雕琢成千姿百态的奇峰异石和峭壁石柱。伴随着天气变化，水光山色变幻多端，天然奇景蔚为壮观。

　　峡谷两壁及谷底气候、景观有很大不同，南壁干暖，植物稀少；北壁高于南壁，气候寒湿，林木苍翠；谷底则干热，呈一派荒漠景观。蜿蜒于谷底的科罗拉多河曲折幽深，整个大峡谷地段的河床比降为每千米150厘米，是密西西比河的25倍。其中50%的比降还很集中，这就造成了峡谷中部分地段河水激流奔腾的景观。因为如此，沿峡谷航行漂流成为引人入胜的探险活动。

景点大盘查 >

• 大峡谷: 世界上最大最壮观的侵蚀地貌

　　大峡谷全长约 446 千米，宽度从 6 千米到数十千米不等，最深处可达 1824 米，将近 2 千米，谷地河面海拔 1740 米，而谷岸最高海拔可达 3000 多米。

　　亿万年来，奔腾的科罗拉多河从凯巴布高原中切割出这令人震撼的奇迹。无论是在南岸还是北岸，居高远望，都可以清楚看到坦如桌面的高原上的一道大裂痕，那便是科罗拉多河刻在这片洪荒大地上的印迹。它并不是世界上最深的峡谷，但以其规模巨大的丰富多彩而著称。它令世人注目也是它被列为世界自然遗产名录的最重要原因，还在于其地质学意义：保存完好并充分暴露的岩层，记录了北美大陆早期几乎全部地质历史。这里记录了550—250 万年前古生代的岩石，在那之后的要么没有沉积，要么就已经风化了。

　　峡谷的形成比其岩石则晚得多（约 5—6 万年前）且复杂得多，主要是科罗拉多河的侵蚀，降雨和冰雪融化等的流蚀作用也几乎同样重要。奇特的造型主要是由于流蚀对质地不同的岩石作用的快慢不同，峡谷丰富的色彩则是由所含的少量的各种矿物造成的，富含铁的岩石呈红或红褐色。

　　直至美国内战时期，大峡谷还鲜为人知。1869 年，内战老兵，热爱科学和探

险的 John Wesley Powell 进行第一次漂流。1880 年起大峡谷地区开始发展畜牧业，到 1890 年，当时这里尚是高山草原，有 15 万头牛、25 万头羊在这里放牧。但到 1906 年成立大峡谷自然保护区时，大多数牧场主被迫改行，因为过度放牧，使生态环境本来就脆弱的半干旱草原变成了灌丛和荒漠，畜牧业难以为继。至 1901 年，铁路修到南岸，更使之迅速发展。1919 年成为国家公园（美国国家公园管理局于 1916 年成立）。

全球最美的自然奇观

• 岩拱国家公园

岩拱国家公园位于高原上的莫博镇。进门后转弯上坡，第一组怪石闯到车前，随之规模浩大的一群！它们一色是红岩风化而成的，颠连不绝，赤裸通红地煽起视觉冲击力，像城堡、巨兽、阿诗玛姑娘、教堂、航帆……这个公园是因为天然石拱集中而得名的，园内跨度1米以上的岩拱有2000多个，还到处散布着怪异的石柱、石墩群落。公路把几个景区串起来，密集的地段一弯一景，目不暇接。

顶着酷日走在巨大的岩拱旁，穿过干燥的树丛，听风声鼓荡，有种真切的踏实感。窗口区是大型岩拱集中处，几个名牌拱都在明信片上频频亮相。其中的双拱由两个漂亮的拱洞叠邻构成，从前方透视像连环套，优雅之至。游人在下面蚁动，才比照出它有那么高！数千米外的纤拱玲珑地独立岩坡，可谓名声大矣，犹他州车牌上的图像就是用的它。步行1英里去看风景线拱，它是世界最大的岩拱之一，飞跨100米，高三四十米，顶部只有几尺薄了，随时可能坍塌。

科普知识做得生动有趣是北美自然景区的一个特点，岩拱国家公园也不例外。有的说明牌让游客面对某个景观，很大胆地绘形绘色，说这儿原是个山体，后来变成巨大的岩拱，自然母亲又把它夷为平地。故事配着示意图，虚线实线描出上亿年的历史，而眼前地貌的确支持着那故事。这大山厚地，竟都一层层剥蚀掉了！

岩拱国家公园的面积只有200多平方千米，一向有家庭公园之名，是指交通和观景便利，适宜合家同游。公园很注重保养自然生态，不建任何商业设施，连饮食也没有。广阔的戈壁上长着寥寥山艾，也是公园的心尖肉。好莱坞曾经来借一块宝地，说投入500匹马拍摄印第安人和联邦骑兵鏖战，被公园回绝。其实国家公园系统囊中羞涩尽人皆知，可公园主任还是说："简直没法想象让他们放500匹马进来搅和！"

• 印第安遗址公园

地质学家称科罗拉多高原为"半沙漠"，它大部分是蛮荒裸露的台地和峡谷，想一想似乎不会有人定居。

其实不然，人类在这儿有至少3000年居住历史了。四角地区的重要人文特点就是印第安民族留下的崖居遗迹，为此还建立了一批公园，例如科州境内的 Mesa Verde，是最有名的印第安遗址公园。

崖居，是在悬崖下的大空洞里筑屋而居，少则几间，多则几百间，一个洞就是一个村落。学者们用数遗址木材年轮的办法来计算年代，发现这些旧居在 13 世纪后叶相当兴盛，但 1300 年前的几年、十几年间，突然全都人去崖空了。推测有多种多样，但很难解释这些分布广泛的崖居何以同时被放弃。有的遗址的储食罐里还存有食物，地上还摊着没做完的活计，可见主人走的时候还打算回来。人类学家现在大多认同这个说法：美洲印第安人几万年前从西伯利亚跨过阿拉斯加陆桥进入美洲后，发展成很多族群。中美洲的印第安人擅长农耕，而北方的擅长渔猎。今天的不少日常食品是印第安人最早种植的，如玉米、土豆、胡萝卜、西红柿。美洲本没有马、牛、羊，这些家畜是西班牙殖民者带来的，而今天印第安人骑马的潇洒风范，就像已经骑了 3 万年。

• 布莱斯国家公园：上帝的大阶梯

从大峡谷向北到布莱斯国家公园，高原连续迈上 5 个大台阶，依次取名为巧克力崖、朱崖、白崖、灰崖、粉崖，它们一层层上升，露出 30 亿年的彩色沉积层。

科罗拉多河和支流游戏着把大地开膛破肚，把最久远的秘密也掏出来，搁在丰沛的阳光下炫耀。这一带名叫大阶梯，有地质博物馆之称。

在大阶梯的第一、二层之间横走，放慢节奏，悠闲向西，再向北，从背后绕上布莱斯国家公园。随着地势走高，空气渐渐凉爽，小桥田园人家的风景也出现了。

布莱斯国家公园是犹南的 5 个国家公园里面积最小的一个。它的特点是山边的大片石林，打个形象的比方，是神的阅兵场。这个台地就是大阶梯的最上一层，也就是粉崖。台地的边缘销蚀成粉色石林，从崖顶望下去蔚为壮观，群群簇簇，千形百状，伸展有一二里宽，二十多里长。

布莱斯国家公园的空气凉润，树林繁密。公园的露营地很热闹。人们支起花花绿绿的帐篷后，就到各个观景台走动，或到石林里去游览。

• 魔鬼庭园

　　"庭园"是很大的一片，像西方童话里的魔境，有门廊有墙柱，台墩散落，耐心等待着谁的到来。一组组木偶般的石头，立在岩座的流畅线条上，俏皮模样，朴拙可爱。很难相信这些石头是自然风化而成的，因为它们和周围地貌几乎毫无相同。就像有只神秘的手刚才还在摆弄它们。周围静得能听见空中云、地上影飘过的声音。几个人散开就不见彼此。

• 悬空玻璃桥

科罗拉多大峡谷国家公园耗资3000万美元建造的悬空透明玻璃观景廊桥2009年3月20日起正式对外开放,当地印第安部落头领和一些前宇航员成为这个新观景台接待的首批游客。

这座令人叹为观止的悬空廊桥建造在大峡谷南缘老鹰崖距谷底1200米的高空,为U字形,最远处距岩壁21米。廊桥宽约3米,底板为透明玻璃材质,游客可以行走其上,俯瞰大峡谷和科罗多河景观。

> ### 华裔企业家灵感之得

这项号称"21世纪世界奇观"的创意,最初由出生于上海的美国华裔企业家金鹉构思出来。金鹉称,当他1996年到大峡谷游览时突发灵感,首次想到了在大峡谷上建造悬空廊桥的主意。他随即和大峡谷印第安华拉派部落合作展开集资,并和拉斯维加斯的工程师一起设计方案。

大峡谷面临的问题 >

• 水流问题

科罗拉多河在大峡谷的上游和下游均被建造水坝拦截，影响了正常的水流。上游是 Glen 峡谷水坝，形成 Powell 湖；下游是胡佛水坝，形成 Mead 湖，主要供水给位于荒漠中的拉斯维加斯。这些水坝不仅限制了各种鱼和其他生物的活动，更重要的是它拦截了所有大洪水。大峡谷的许多地形过去都是由这些大洪水所塑造出来的，如今水流变慢变少了，许多地形就被改观了，直接影响到大峡谷的生态环境。比方说，因为缺乏由大洪水所带来的大量泥沙，大峡谷底部的许多沙滩都在消失当中。近年来，科学家们开始在 Glen 峡谷水坝作有限度的实验性的排洪，对恢复大峡谷的原始地貌有很大的帮助。

• 空气污染问题

　　大峡谷周围大城市所产生的空气污染直接影响着大峡谷的景观，因为视野开阔，峡谷两岸又有一定距离，所以空气污染问题常常像是被放大了在此特别明显。空气质量好的时候，峡谷对岸清晰可见；空气污染严重的时候，峡谷对岸像是被笼罩在一层雾中。这个问题不好解决，因为国家公园管理局无权过问各大城市的空气污染排放量，各大城市也不对什么"世界遗产"的空气质量负责。大峡谷只好一厢情愿地期盼着各大城市严格限制并大幅降低其空气污染排放量，听命于当时的风向、风速等自然条件了。

• 生态系统问题

　　自从西方人发现大峡谷以来，大峡谷的物理环境已被改变了许多，如上所说的水流问题和空气污染问题，这些改变都直接影响到大峡谷的生态环境。人类的活动又迅速地引进了许多外地的生物，它们与当地原有生物激烈竞争。这一切都破坏了大峡谷的生态系统平衡。

● 美国黄石公园

黄石国家公园简称黄石公园，是世界第一座国家公园，成立于1872年。黄石公园位于美国中西部怀俄明州的西北角，并向西北方向延伸到爱达荷州和蒙大拿州，面积达8956平方千米。这片地区原本是印第安人的圣地，但因美国探险家路易斯与克拉克的发掘，而成为世界上最早的国家公园。它在1978年被列为世界自然遗产。

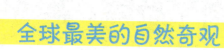

公园详解 >

黄石公园地处号称"美洲脊梁"的落基山脉，是美国国家公园，位于美国西部北落基山和中落基山之间的熔岩高原上，绝大部分在怀俄明州的西北部。海拔2134—2438米，面积8956平方千米。它被美国人自豪地称为"地球上最独一无二的神奇乐园"。园内交通方便，环山公路长达500多千米，将各景区的主要景点连在一起，徒步路径达1500多千米。

1872年3月1日，它被正式命名为保护野生动物和自然资源的国家公园，这是世界上第一个、也是最大的国家公园。黄石公园总面积8956平方千米，大部分位于怀俄明州西北部，有一部分伸展到蒙大拿州和爱达荷州。共有东、南、西、北及东北5个入口处。黄石公园分5个区：西北的马默斯温泉区以石灰石台阶为主，故也称热台阶区；东北为罗斯福区，仍保留着老西部景观；中间为峡谷区，可观赏黄石大峡谷和瀑布；东南为黄石湖区，主要是湖光山色；西部及西南为间歇泉区，遍布间歇喷泉、温泉、蒸汽、热水潭、泥地和喷气孔。

园内高度从北方入口（蒙大拿州的伽德纳）的1620米上升到公园东南方最高点的鹰峰的3462米。在黄石公园广博的天然森林中有世界上最大的间歇泉集中地带，全球一半以上的间歇泉都在这里。这些地热奇观是世界上最大的活火山存在的证据。黄石公园还是个野生动物保护区，栖息着北美水野牛、灰狼、棕熊、驼鹿、麋鹿、巨角岩羊、羚羊、羚牛等野生动物。黄石公园以熊为其象征。园内有200多只黑熊、100多只灰熊、250多只狼。

黄石河、黄石湖纵贯其中，有峡谷、瀑布、温泉以及间歇喷泉等，景色秀丽，引人入胜。其中尤以每小时喷水1次的"老忠实泉"最著名。园内森林茂密，还牧养了一些残存的野生动物如美洲野牛等，供人观赏。园内设有历史古迹博物馆。

自从1872年黄石公园创办以来，已有6000多万人来此观光。由于大家来自五湖四海，所以所获得的感受的大自然也就丰富多彩，各不相同。

黄石公园是世界上最原始、最古老的国家公园，发现于1807年秋天。根据1872年3月1日的美国国会法案，黄石公园"为了人民的利益被批准成为公众的公园及娱乐场所"，同时也是"为了使她所有的树木、矿石的沉积物、自然奇观和风景，以及其他景物都保持现有的自然状态而免于破坏"。

在辽阔的怀俄明州自然森林区内，黄石国家公园占地约9000公顷。在那里可以看到令人印象深刻的地热现象，同时还有3000多眼间歇泉、喷气孔和温泉。黄石国家公园还以拥有灰熊、狼、野牛和麋鹿（不同于中国麋鹿）等野生动物而闻名于世。

最初吸引人们的兴趣并使黄石成为国家公园的显著特征是地质方面的地热现象，这里拥有比世界上其他所有地方都多的间歇泉和温泉、彩色的黄石河大峡谷、化石森林以及黄石湖。

根据这里的文化遗迹可以判断：黄石公园的文明史可以追溯到12000年前，更近的历史可以从这里的历史建筑，以及各个时期保存下来的公园管理人员和游人的公用设施看出来。公园99%的面积都尚未开发，从而大量的生物种类得以繁衍，这里拥有陆地

上最大数量的、种类也最多的哺乳动物。

黄石公园，这个冰火磨砺的世界、犬牙交错的幻境，诞生于近200万年前的一次火山爆发，全境99%尚未开发，这是一片广袤而洁净的原始自然区，分布在落基山脉最高峰，丰沛的雨水使这里成为美国众多大河的发源地，在这个平均高度为8000英尺的开阔火山岩高原上，有山峦、石林、冲蚀熔岩流和黑曜岩山等地质奇观。

黄石国家公园是美国设立最早、规模最大的国家公园。它就像中国的长城一样，是外国游客必游之处。它以保持自然环境的本色而著称于世。黄石国家公园内的另一景观是黄石河，它由黄石峡谷汹涌而出，贯穿整个黄石公园到达蒙大拿州境内。黄石河将山脉切穿而创造了神奇的黄石大峡谷。在阳光下，两峡壁的颜色从橙黄过渡到橘红，仿佛是两条曲折的彩带。由于公园地势高，黄石河及其支流深深地切入峡谷，形成许多激流瀑布，蔚为壮观。

公园特色 ＞

黄石公园以保持自然风光而著称于世。6000万年以来，黄石地区多次发生的火山爆发，构成了现在海拔2000多米的熔岩高原，加上3次冰川运动，留下了山谷、瀑布、湖泊以及成群的温泉和喷泉。大自然用水、火、冰、风在这里精雕细琢，形成了迷人的景色。要游山，东、西、北三面，山峰起伏崎岖，山山之间有峡谷，道路坎坷，山岩嶙峋；要逛水，河、湖、溪、泉、塘，大小瀑布，应有尽有，有的从云端直泻而下，有的自山谷奔流而出，有的从地下涌现；要看动物，有水禽、飞禽及野生的哺乳动物——麋鹿、黑熊、驼鹿和大角羊。据说，黄石国家公园是美国最大的野生动物庇护所。

黄石公园的历史沿革

早在19世纪初，肖肖尼人和其他印第安人曾经在这片土地上狩猎甚或星散地居住。那时，他们过的是一种极端贫困的生活。1806年，约翰·科尔特成为迄今为止人们所知道的第一位到这里进行勘探的白人。他所做的兴高采烈的报道，很快就吸引了一批批狩猎者和探矿者，他们纷至沓来，步其后尘。1859年，传奇人物吉姆·布里杰率领着第一支政府授权的探险队进入黄石探险。

1870年，人类对黄石的一次最重大的造访——一个叫"沃什伯恩·兰福德·多恩"的探险行动开始了。黄石公园的别名"老忠实泉"就是这支探险队的人给起的。在这支探险队中，出了一位心甘情愿为黄石公园献身的N·P·兰福德先生。在黄石公园开办之初，他义务担任了公园首任负责人，工作了5年，分文未取！另一个值得注意的名字是法官科尼利厄斯·赫奇斯，他的声望来自那个由他首先提出的"这片土地应该是属于这个新兴

国家全体人民的国宝"这一革命性倡议。

1871年，一支国家地质勘探队开始对黄石进行正式的勘察。这支以著名的地质学家F·V·海登为领队的勘察队，也发表声明支持法官科尼利厄斯·赫奇斯的提议。F·V·海登也曾是1859年那支由吉姆·布里杰率领的政府探险队的成员。随后，一场影响极广、声势浩大的反对运动爆发了，万幸的是，尽管反对者甚嚣尘上，这个将这片公共土地交到联邦政府手中的议案最终还是令人难以置信地在当年被提了出来，并且在后来获得了通过。那是1872年的3月1日，根据美国国会法案所述："为了人民的利益，黄石公园被批准成为公众的公园及娱乐场所"，同时也是"为了使它所有的树木、矿石的沉淀物、自然的奇观和风景，以及其他景物都保持现有的自然状态而免于被破坏。"当时的总统尤利塞斯·格兰特在提案上签了字。至此，世界上第一个"国家公园"就这样诞生了。

地理地质奇观 〉

• 狮群喷泉

黄石国家公园自然景观分为五大区，即马默区、罗斯福区、峡谷区、间歇泉区和黄石湖区。5个景区各具特色，但有一个共同的特色——地热奇观。黄石国家公园内有温泉3000处，其中间歇泉300处，许多喷水高度超过100英尺，"狮群喷泉"由4个喷泉组成，水柱喷出前发出像狮吼的声音，接着水柱射向空中；"蓝宝石喷泉"水色碧蓝；最著名的"老忠实泉"因很有规律地喷水而得名。从它被发现到现在的100多年间，每隔33—93分钟喷发一次，每次喷发持续四五分钟，水柱高40多米，从不间断。园内道路总长500多英里，小径总长1000多英里，黄石湖、肖肖尼湖、斯内克河和黄石河分布其间。公园四周被卡斯特、肖肖尼、蒂顿、塔伊、比佛黑德和加拉廷国有森林环绕。黄石公园由水与火锤炼而成的大地原始景观被人们称为"地球表面上最精彩、最壮观的美景"，描述成"已超乎人类艺术所能达到的极限"。

• 热喷泉

黄石公园的地热景观是全世界最著名的。事实上也是如此，你无法不为眼前所见的奇观所震撼。数以千计的沸泉和池水碧蓝的大湖深潭波涛汹涌，声音鼎沸，仿佛一炉烈焰正在熊熊燃烧。上百个间歇泉喷射着沸腾的水柱，冒着滚滚蒸汽，好似倒转的瀑布，它们从火热而黑暗的地下世界不时喷涌而出。一些间歇泉的水柱气势磅礴，像参天大树，其直径从1.5—18米不等，高度有45—90米。巨大的力量可以使它在这样的高度上持续数分钟，有的可持续将近一个小时。

黄石公园的热喷泉为世界之最，人们统计出有3000多处温泉、泥泉和300多个定时喷发的间歇泉！尤其是间歇泉，更是黄石的骄傲。因为全世界其他地方所有的间歇泉加起来，其总数还不及一个黄石公园来得多。在冰岛、新西兰、日本、喜马拉雅、南美洲以及其他许多火山地区也都有间歇泉的发现，然而只有在冰岛、新西兰和这座公园里，间歇泉才展现出它们最为恢宏的气势和最为壮丽的风采。在这3个著名的地区中，无论从间歇泉的数量上还是从它们的规模上，黄石公园的间歇泉都当仁不让地拔取头筹。

科学家们发现：就在黄石地表以下较浅的地方，热流和熔岩活动极为活跃。3300米的地下深层熔岩为热泉提供了充足的能量，熔岩暖化了地下的泉水，泉水从地表裂缝流出、渗出或喷出，这便是我们看到的温泉和热泉。

黄石公园地形基本呈一种凹形，冬季降雪极多，提供了

它丰富的地下水源。地上的水很容易流入和渗进地里，最后流到温度远超过沸点的地底深处，受到地热持续的加温由冷转热，沸腾后化为蒸汽。在巨大的压力之下，蒸汽要找一条出路。如果蒸汽给往下流的流水堵住了，水的质量使蒸汽不能逸出空隙。就这样过了一段时间，因为蒸汽的压力不断增大、热度不断加高，最终挟着泉水喷涌而出，这就形成了间歇泉。典型间歇泉快要喷发时，我们能看见水先从小洞里流出，或者发现水流量突然增加，接着，从地底深处传来轰轰雷鸣，这就表示蒸汽突破了水的阻碍。然后，我们会看见喷口的水柱被水蒸气抛升起来，时间持续几秒钟到几分钟不等。在水柱喷出的同时及之后一段时间，我们还能听到水蒸气隆隆的轰鸣，仿佛宣泄着内心的兴奋。最后，地下的压力解除，水蒸气喷射的力量也消失了，于是水再开始注满喷口，阻塞水

蒸气的出路，酝酿下一次的喷发。

无论形状怎样，无论大小怎样，无论是冬天还是夏天，也无论天气条件如何，所有间歇泉都在日夜不停忠实地一会儿腾起，一会儿沉落，仿佛跳着有节奏的舞蹈。这是造物主所栽培的最奇特的花朵，它们一年四季盛开，从不感到厌倦与疲惫。

这些"花朵"密集的地域，我们一般称之为间歇泉盆地，它们大多是一些位于中央高原上的开阔谷地。当那些较大的火山停止燃烧之后，冰川的刨蚀作用造就了这些谷地。这些谷地可以被视为大自然的实验室和厨房，在这数千个"烧瓶"和"锅灶"中，我们看到大自然像一个熟练的化学家或者厨师，将火、水、气体以及无数种矿物质混合在一起，烹饪整个山峦，烧烤山崖，偌大的黄石公园，处处在其高超的手艺下冒着炊烟。

• 黄石大峡谷

黄石大峡谷位于钓鱼桥和高塔之间，由黄石湖流出的河水，流经大约38千米地带所造成的险峻峡谷，就通称为黄石大峡谷。这里是黄石公园最壮丽、最华美的景色，97千米长的黄石河是"美国境内唯一没有水坝的河流"。在这里，河水陡然变急，冲开四溅的水花，形成两道壮丽的瀑布，轰鸣着泄入大峡谷。这两个瀑布一个有130米高，这是上瀑布；另一个有100米高，称为下瀑布。

黄石河水贯穿火山岩石，长期的强力冲蚀，形成了气势磅礴的黄石大峡谷，峡谷格外险峻，动人心魄，深度达到60米，宽200米，长约32千米。这一段著名的河段，对于前来观赏的人来说，最引人入胜的既不是峡谷的深度和形状，也不是汹涌奔流的瀑布，最令人难以忘怀的是那光怪陆离、五光十色的风化火山岩。峡壁从头到脚都闪烁着耀眼的光泽，在阳光下绚烂夺目。白、黄、绿、蓝、朱红以及无数种与红色相调而出的颜色。眼前是数百万吨的岩石，一切看上去却像用油彩涂成，仿佛毫无顾忌地暴露在风吹日晒之中，颜色是那样鲜艳，牢固的色彩既不会被冲刷而去，也不会因风吹日晒而褪色。这效果太奇异、太不可思议了。

森林资源 〉

黄石公园总面积的85%都覆盖着森林。绝大部分树木是扭叶松，这是生命力极强的一种树木。生长在黄石公园里的植物，最大的灾难便是森林大火。正是因为山火肆虐，不少树种分布得越来越稀疏。但扭叶松凭借它顽强的生命力，不仅生存下来，而且逐年扩大自己的领地，这是为什么呢?

这是因为扭叶松的树皮很薄、很脆，而且易于燃烧，所以一旦发生火灾，它和其他树木一样难以逃脱。但是，它用坚固

而紧闭的松果将种子储藏起来。这些松果可以将种子保存3—9年。这样，扭叶松就做好了死亡和转世再生的准备，可以任凭山火肆虐了。因为当致命的火灾吞噬了松叶和充满松脂的薄树皮时，很多松果只是被烧焦，表面熏黑了，一旦浓烟散尽，它们就会崩裂开来，将储藏其中的种子播撒在广阔的被清除干净的地面上，于是新的一代从灰烬中萌生，充满勃勃生机。因此，这种树不但坚守着自己的领地，而且每场山火过后，又都能将领地向

67

远方拓展。到今天，它均匀而稠密地分布在公园各处，几乎把整个公园都变成了自己的王国。

扭叶松生长得十分紧密，就像甘蔗林一样。比如这片森林：每棵树的直径1.2—2.4米，树高30米，树龄平均175年。由于缺少阳光，下面的树枝刚长出来就枯死掉落了。这些树密密地排列着，它们的生长就是一场争取阳光、争取更多阳光的赛跑。因此它们笔直地冲上云霄。假如我们把整座森林从顶部以下3米的地方砍下，那么你会发现森林变成了一片密密麻麻的电线杆。

只有沐浴着阳光的树梢才长着叶子。阳光的缺乏使它们不蔓不枝，一心冲得更高。一棵生长在阳光里有10年树龄的幼树，其树叶与丛生在一起的树龄为一两百年的树木同样多。随着山火越来越大，山地变得越来越干，这奇妙的扭叶松以其强大的竞争力占据了几乎整个美国西部地区。

龙胆松是另一种分布广泛的树种。这种树木有着极强的适应能力，而且成长速度极快，能在各种各样的气候土壤条件下生长。在经常发生山火的最危险的山坡上，它们也千姿百态、郁郁葱葱。

在落基山脉，几乎每个夏季，都有数千平方千米的龙胆松被火灾吞没，但"野火烧不尽，春风吹又生"，新的生命在灰烬中迅速崛起。

美洲云杉和亚高山银杉秀丽多姿，令人瞩目。它们有高高的塔状树身，繁茂

的树冠生机盎然、光彩照人。这两种树木广泛地分布在美国西部地区，攀缘着每一座高山。然而这两种树有一个共同的弱点，它们都非常害怕山火。由于它们的树皮非常薄，而且每年种子一旦成熟就立即被播撒出去，所以一旦起火，无论是树木还是它们的种子都被无情地吞噬了。正因为这个原因，它们很快就被赶出山火肆虐的地区。现在，我们只能在海拔较高的山峰或湿润的地方见到它们，那些地方最容易抵御火灾的侵袭。

特色生态 〉

1872年开始,公园管理处对黄石公园采取"以火管理"的政策,只要不是人为因素造成,且不危及人的生命及财产,园内的巡逻员都不干涉,让它自生自灭。

森林火给整个生态系统带来的好处很多,其中最重要的一条,要算营养物的再循环了。如果没有森林火,这里的许多物种有可能会慢慢"饿死"。有些地区经历了一个多世纪的堆积,平均每半公顷土地就拥有45吨干燥物质。它们越积越厚,使原有生物群落很难发展与更新,新的物种更无插足的余地。一场大火过后,把土地裸露在阳光之下,黑灰大量吸收了太阳的热能,成为催发种子的最好温床。火舌在烧毁野草和灌木的同时,也吞噬了妨碍植物生长的病虫害以及有碍植物发芽生长的化学物质。浓烟覆盖在临近的地区,也可以杀死森林中的一些病原体,因此间接保护了没有过火地片的森林。炽热的大火还烤裂了岩石,又为一些喜

爱阳光的拓荒树种开辟了道路。火所烧毁的一切，从生态学的观点来看，并非浪费，只是物质和能量转换的一种形式。

在自然演化过程，生活在黄石国家公园的很多植物和动物，已经适应了间歇周期较长的大火，甚至其中有些物种还必须以火来保证它们的生存和繁衍。例如扭叶松是黄石及其周围国有森林中的主要树种，它喜欢阳光，生长迅速，能适应周期性的野火。但这种树的幼苗不能在浓密的树荫下成长。如果没有森林火为其扫清道路，则喜欢在树荫下成长的冷杉、云杉等植物将成为优势群落，甚至取代扭叶松。据科学家的研究，扭叶松为了适应间歇野火的环境，具备一种特有的"生态策略"，即成熟的扭叶松都生长有两种球果。一种是开放性的球果，每年都随着球果的成熟而把种子散落在地上。但由于接触不到阳光，大多数种子无法发芽，只有树冠遭受病虫害或者被大风吹疏的时候，才有少数种子可能萌芽成活。但扭叶松还有另一种球果，被树脂封裹，需要113℃的高温才能熔化。而在寒温带的黄石高原上，只有森林火才可能达到这种温度。这种球果是为了等待这样的时机可以在树上呆上一二百年。

再说，森林火把一切化为灰烬的情况并不多见，一般只是使森林稀疏一些，为生物的"新陈代谢"和"推陈出新"创造条件。就像狼追捕北美驯鹿一样，森林火只吞食那些软弱有病的、不太适应的或是运气不佳的植物。这些死里逃生的强者，却摆脱了许多竞争的对手，获得了充足的阳光、营养和水分成为天之骄子；它们既为树木更新提供了树种，又为耐阴植物充当了凉棚。大火过后的第一个春天，黄石公园第一批扭叶松、黑松和其他幼苗就陆续破土而出。新的绿色生命迅速冲破了灰暗的过去，又一轮持续几个世纪的循环开始了。有朝一日，遮天蔽日的参天大树又将成为这里的主体。

全球最美的自然奇观

黄石火山 >

黄石火山位于美国中西部怀俄明州西北方向，占地近9000平方千米，以黄石湖西边的西拇指为中心，向东向西各15英里，向南向北各50英里，构成一个巨大的火山口。在这个火山口下面蕴藏着一个直径约为70千米、厚度约为10千米的岩浆库，这个巨大的岩浆库距离地面最近处仅为8千米，并且还在不断地膨胀，从1923年至今，黄石公园部分地区的地面已经上升了70厘米。

很多年来黄石国家公园的游客们根本没有意识到自己看到的是世界上最大的活火山。所有这些温泉、间歇泉和蒸汽孔都需要巨大的地核熔岩能量来维持，在黄石公园熔岩散发出的热量已经非常接近地表。专家表示，黄石火山喷发周期为60—80万年，而至今距离上次喷发时间已经有64.2万年了，这座世界上最大的超级活火山已经进入了红色预警状态，就算在不受外力（指太阳活动以及人工钻探）的情况下它也随时都可能喷发。

• 水热爆炸

水热爆炸发生在浅滩，底下的水温高达 250℃。水通常在 100℃时沸腾，但在压力作用下，水的沸点会随着压力而升高，导致水成为过热水。突然降低的压力会使水迅速由液态变为蒸汽，导致携带着水和岩石碎片的爆炸。在最后的冰河时期，许多水热爆炸由冰川消融导致的压力释放而引起。其他水热爆炸的因素有地震活动、侵蚀或水力压裂等。

水热爆炸是高温地热区一种极其猛烈的水热活动，爆炸时有巨大声响，夹带大量泥沙的蒸汽水流射向空中，爆炸后地面遗留深度不等的坑穴，周围由碎石散落物堆积成垣体，坑内及其周边多见喷气孔、冒蒸汽地面、沸泉以及硫华等。

国家公园的大稜镜温泉（The Grand Prismatic Spring，又称大虹彩温泉），是美国最大世界第三大的温泉。它宽约75—91 米，49 米深，每分钟大约会涌出2000 升温度为 71℃左右的地下水。大稜镜温泉的美在于湖面的颜色随季节而改变。春季，湖面从绿色变为灿烂的橙红色，这是由于富含矿物质的水体中生活着的藻类和含色素的细菌等微生物，它们体内的叶绿素和类胡萝卜素的比例会随季节变换而改变，于是水体也就呈现出不同的色彩。在夏季，叶绿素含量相对较低，显现橙色、红色或黄色。但到了冬季，由于缺乏光照，这些微生物就会产生更多的叶绿素来抑制类胡萝卜素的颜色，于是就看到水体呈现深绿色。

• 地壳变动

　　黄石国家公园存在目前全球唯一活跃的超级火山，自2004年起，该地区地质的异常变动频繁，包括地震、地表隆起等，但没有证据表明该超级火山会在以后的几年内爆发。如果黄石公园的火山爆发，规模将是1980年圣海伦火山爆发的2500倍，从而引起全球性的灾难，包括：火山灰将覆盖全美3/4的土地；在火山1000千米范围内，灰尘引起大量暴雨，暴发泥石流，火山灰将压垮多数民房；火山灰尘导致电子设备无法正常使用，将使通讯、交通、物流等行业全线瘫痪；多数民众将死于化学气体中毒、受污染的水和食物，比如氟；全球性的天气灾难。硫酸气体层将在2周内覆盖全球，反射太阳能源，全球气温平均下降12—15℃。赤道附近可能持续两三年的积雪，季风消失，东南亚面临干旱和饥饿。

野生动物 ⟩

黄石国家公园里最有名的野生动物莫过于灰狼了。刚开始时，人们不清楚灰狼在黄石生态圈中所扮演的角色，以为灰狼只会危害游客安全，而且狼皮有极高的经济价值，便随意把它们猎杀，以致灭绝净尽。后来，由于没有了灰狼，麋鹿的数量便不受控制，造成生态不平衡，引发出一连串的生态危机，原因是大量的麋鹿吃去当地的橡树幼苗。最后，人们只好又从别处引进灰狼，并把它列为濒临绝种动物，直到今天，黄石国家公园里的灰狼数目还在慢慢恢复中。在灰狼的数目还没有完全恢复时，一些商人就已经开始向美国国会施加压力，要将灰狼从濒临绝种动物的名单中剔除，以便再开猎杀之门取得狼皮。

更有甚者，公园管理局碍于来自公园四周牧场的压力，以防止疯牛病为名在公园境内猎杀美洲野牛。原来，四周牧场主因惧怕美洲野牛会染上疯牛病，然后传染给他们牧场里的牛，影响生计，便千方百计迫使公园管理局降低美洲野牛的数量。其实，连公园管理局自己也知道，牛的天性是吃草不吃肉的，疯牛病乃因牛只吃了一些掺杂了其他动物内脏的饲料而引起的，包括黄石的美洲野牛在内，全世界未曾在野生牛只身上发现过一例的疯牛病。

维多利亚大瀑布

维多利亚瀑布位于非洲赞比西河中游，赞比亚与津巴布韦接壤处。宽1700多米，最高处108米，为世界著名瀑布奇观之一。1989年被列入《世界遗产目录》。

瀑布简介 >

维多利亚瀑布的宽度和高度比尼亚加拉瀑布大1倍。年平均流量约935立方米/秒。广阔的赞比西河在流抵瀑布之前，舒缓地流动在宽浅的玄武岩河床上，然后突然从约50米的陡崖上跌入深邃的峡谷。主瀑布被河间岩岛分割成数股，浪花溅起达300米，远自65千米之外便可见到。每逢新月升起，水雾中映出光彩夺目的月虹，景色十分迷人。瀑布声如雷鸣，当地卡洛洛·洛齐族居民称之为"莫西奥图尼亚"，意即"霹雳之雾"。据考证，远在公元90年即有少数农业人口在赞比西河两岸定居。多数原住民则在距瀑布半径128公里范围内以渔猎为生。今日当地部族有东加人、洛齐人、莱雅人、托卡人和苏比亚人。东加人每年在瀑布旁举行雨祭，将黑色公牛扔入峡底祭奠河神。1855年11月16日，英国探险家戴维·利文斯敦抵达瀑布所在地，为第一个见到该瀑布的白人。1905年在瀑布附近的峡谷上建成跨度200米的拱形铁路公路两用桥。赞比亚一侧建有两座水电站，发电能力共10万千瓦。维多利亚瀑布国家公园与利文斯敦狩猎公园形成瀑布地区。瀑布地区已成为非洲著名旅游胜地。

地理位置 〉

　　莫西奥图尼亚/维多利亚瀑布位于南部非洲赞比亚和津巴布韦接壤区域，在赞比西河上游和中游交界处，是非洲最大的瀑布，也是世界上最大、最美丽和最壮观的瀑布之一。位于赞比西河上，宽度超过2000米，瀑布奔入玄武岩峡谷，水雾形成的彩虹远隔20千米以外就能看到。莫西奥图尼亚/维多利亚瀑布被赞比亚人称为"Mosi-oa-tunra（莫西奥图尼亚或译为莫西瓦图尼亚）"，津巴布韦人则称之为"曼古昂冬尼亚"，两者的意思都是"声若雷鸣的雨雾"（或"轰轰作响的烟雾"）。地球上很少有这样壮观而令人生畏的地方。曾居住在莫西奥图尼亚/维多利亚瀑布附近的科鲁鲁人很怕那条瀑布，从不敢走近它。邻近的汤加族则视它为神物，把彩虹视为神的化身：他们在东瀑布举行仪式，宰杀黑牛以祭神。

79

 维多利亚大瀑布的历史传说

关于大瀑布，这有一个动人传说：据说在瀑布的深潭下面，每天都有一群如花般美丽的姑娘，日夜不停地敲着非洲的金鼓，金鼓发出的咚咚声，变成了瀑布震天的轰鸣；姑娘们身上穿的五彩衣裳的光芒被瀑布反射到了天上，被太阳变成了美丽的七色彩虹。姑娘们舞蹈溅起的千姿百态的水花变成了漫天的云雾。多么美妙、令人神往的景色呀！

沿着水流的方向前观数百米，一座150米宽的铁桥飞架大河两岸，那是维多利亚大瀑布桥，它记载着这样一段历史：戴维·利文斯敦的大"发现"打破了当地居民的平静生活，1890年，英国人统治了大瀑布南面的津巴布韦，四五年后又控制了大瀑布北岸的赞比亚。殖民者始于"发现"，继而占领，原形至此毕露无遗。1903—1905年，殖民者又建造了这座公路铁路桥，打通赞比西河在此形成的天堑，企图为英国实现从开罗到开普敦的殖民统治铺平道路。大瀑布有一种悲壮美，这种美能使人受到震撼。就在这座桥建成六七十年后，大瀑布南北两岸发生了翻天覆地的变迁：魔鬼瀑布冲走了殖民者强加在非洲人民头上的厄运，马蹄瀑布鼓舞着非洲人民的斗争士气，主瀑布的怒吼声震碎了殖民主义的黄粱美梦，大瀑布两岸的人民先后赢得了国家独立和民族解放。

瀑布形成 〉

当赞比西河河水充盈时，每秒7500立方米的水汹涌越过维多利亚瀑布。水量如此之大，且下冲力如此之强，以至引起水花飞溅，远达40千米外均可以看到。维多利亚瀑布的当地名字是"Mosi-oa-tunra"（莫西奥图尼亚），可译为"轰轰作响的烟雾"。彩虹经常在飞溅的水花中闪烁，它能上升到305米的高度。离瀑布40—65千米处，人们可看到升入300米高空如云般的水雾。

维多利亚瀑布的形成，是由于一条深邃的岩石断裂谷正好横切赞比西河。断裂谷由1.5亿年以前的地壳运动所引起。维多利亚瀑布最宽处达1690米。河流跌落处的悬崖对面又是一道悬崖，两者相隔仅75米。两道悬崖之间是狭窄的峡谷，水在这里形成一个名为"沸腾锅"的巨大旋涡，然后顺着72千米长的峡谷流去。

维多利亚瀑布实际上分为5段，它们是东瀑布、彩虹瀑布、魔鬼瀑布、新月形的马蹄瀑布和主瀑布。1855年，传教士和探险家戴维·利文斯敦成为第一个到达维多利亚瀑布的欧洲人，他是乘坐独木舟接近瀑布的。

非洲第四大河的赞比西河滚滚流到这里，在宽约1800米的峭壁上骤然翻身，万顷银涛整个跌入百余深的峡谷中，卷起千堆雪，万重雾，只见雪浪腾翻，湍流怒涌，万雷轰鸣，动地惊天，溅起的白色水雾，有如片片白云和轻烟在空中缭绕，巨响和飞雾可远及15千米。

大瀑布所倾注的峡谷本身就是世界上罕见的天堑。在这里，高峡曲折，苍岩如剑，巨瀑翻银，疾流如奔，构成一副格外奇丽的自然景色。大瀑布倾注的第一道峡谷，在其南壁东侧，有一条南北走向峡谷，把南壁切成东西两段，峡谷宽仅60余米，整个赞比西河的巨流就从这个峡谷中翻滚呼啸狂奔而出。大瀑布的水汽腾空达300余米高，使这个地区布满水雾，若逢雨季，水汽凝成阵阵急雨，人们站在这里，不消几分钟，就可浑身湿透。

瀑布发现 ❯

1855年11月，英国传教士和探险家戴维·利文斯敦成为第一个到达维多利亚瀑布的欧洲人。在1853—1856年之间，英国传教士和探险家戴维·利文斯敦与一批欧洲人一起首次横穿非洲。利文斯敦此行的目的显然是希望非洲中部能向基督教传教士们开放，他们从非洲南部向北旅行经过贝专纳（现在的博茨瓦纳），到达赞比西河。然后，他们向西到安哥拉的罗安达沿海。考虑到这条线路进入内陆太困难，他又调头东向，沿着2700千米长的赞比西河航行，希望这条大动脉般的河流成为开拓中非的捷径。1856年5月他们到达莫桑比克沿海的克利马内。

就在这次旅行中的1855年11月，利文斯敦"发现"了莫西奥图尼亚瀑布，成为第一个到达这个瀑布的欧洲人（他初次听到关于瀑布的事是在1851年，当时他和威廉姆·科顿·奥斯威尔抵达赞比西河岸以西129千米处）。当时他乘独木舟顺流而下，于11月16日抵达该瀑布，老远就已看到瀑布激起的水汽。他登上瀑布边缘的一个小岛，看到整条河的河水突然在前方消失，利文斯敦写道："这条河

好像是从地球上消失了。只经过80英尺距离，就消失在对面的岩缝中……我不明所以，于是就战战兢兢地爬到悬崖边缘，看到一个巨大的峡谷，把那条1000码宽的河流拦腰截断，使河水下坠100英尺，突然压缩到只有15—20码宽。整条瀑布从右岸到左岸，其实只是个在坚硬玄武岩中的裂缝，然后从左岸伸展，穿过三四十英里的丘陵。"后来利文斯敦指出那时低估了瀑布的宽度和高度。他认为这些瀑布"是我在非洲见过的最壮丽景色"。他又写道："……除了一团白色云雾之外，什么也看不见。那白练就像是成千上万的小流星，全朝一个方向飞驰，每颗流星后都留下一道飞沫。"第二天利文斯敦回到他第一次观看瀑布的小岛（现名为卡泽鲁卡或利文斯敦岛），种下桃、杏核和一些咖啡豆。他还在一棵树（据说是猴面包树）上刻上日期和自己名字的简写。他后来承认这是他在非洲唯一做的无聊事。

　　奇怪的是，探险家们并没有因这个重大发现而兴高采烈，尽管他后来对此事有"如此动人的景色一定会被飞行中的天使注意"这样的描述。对利文斯敦而言，这瀑布实质上就是一垛长1676米、

下冲百余米的水墙，也是基督教传教士们试图到达内陆土著村落的实际障碍。对他而言，旅行的重点是发现瀑布以东的巴托卡高原。如果赞比西河被证实是可全线通航的话（它不能通航），在他看来，这一地方可作为潜在的居民点。尽管他以感觉有所"进展"的方式表达对发现瀑布的失望，但利文斯敦还是承认瀑布是如此壮观，以至于用英国女皇维多利亚的名字来命名它。

1860年8月他率探险队第二次来到瀑布，测量峡谷的深度。他垂下一条绑了几颗子弹和一块白布的绳子。"我们派一人伏在一块凸出的悬崖上看着那小白布，其他人放出了310英尺长的绳子，那几颗子弹才落在一块倾斜而凸出的岩石上，那里距下面的水面可能有50英尺。当然水底还要深。从高处下望，那块白布只有钱币大小。"因此他估计峡谷有108米深，大约是尼亚加拉瀑布的2倍。

景点盘点 >

赞比西河刚流经赞比亚与津巴布韦边界时，两岸草原起伏，散布着零星的树木，河流浩浩荡荡向前进，并无出现巨变的迹象。这一段是河的中游，宽达1.6千米，水流舒缓。突然河流从悬崖边缘下泻，形成一条长长的匹练，以无法想象的磅礴之势翻腾怒吼，飞泻至狭窄嶙峋的陡峭深谷中，宽度缩减至只有60米。其景色极其壮观！赞比西河的流量随季节而变，雨季涨满水的河流每分钟有5.5亿升的水自1.6千米宽的悬崖边缘下泻，形成世上最宽的瀑布。倾注的河水产生一股充满飞沫的上升气流，游客站在瀑布对面悬崖边，于上的手帕都会被这强大的上升雾气卷至半空。

莫西奥图尼亚(维多利亚)瀑布带是长达97千米的"之"字形峡谷。整个瀑布被利文斯敦岛等4个岩岛分为5段，因流量和落差的不同而分别被冠名为"魔鬼瀑布"、"主瀑布"、"马蹄瀑布"、"彩虹瀑布"和"东瀑布"。

85

• 魔鬼池

之所以得名"魔鬼池"，是因为它地处108米高的维多利亚瀑布顶部。维多利亚瀑布的当地名字叫莫西奥图尼亚，意思是"轰轰作响的烟雾"。最早是在1855年由苏格兰传教士和一些探险家发现。瀑布的水来自赞比西河，当河水充盈时，每秒流过的水量高达7500立方米，汹涌的河水冲向悬崖，形成了水花飞溅的维多利亚瀑布，即便在40千米外都能看到如云般的水雾。"魔鬼池"是个天然形成的岩石水池。据说，曾居住在瀑布附近的科鲁鲁人从不敢走近它。邻近的东加族更视它为神物，把彩虹视为神的化身，他们经常在瀑布东边接近太阳的地方举行宰杀黑牛仪式来祭神。

• 旋涡潭

飞流直下的这5条瀑布都泻入一个宽仅400米的深潭，酷似一幅垂入深渊中的巨大的窗帘，瀑布群形成的高几百米的柱状云雾，飞雾和声浪能飘送到10千米以外，声若雷鸣，云雾迷蒙。数十里外都可看到水雾在不断地升腾，因此它被人们称为"沸腾锅"，那奇异的景色堪称人间一绝。赞比西河经过瀑布后气势依然壮观，河水冲进峡谷，汹涌直奔过的"沸腾锅"的旋涡潭，沿着之字形峡谷再往前奔腾64千米向下游进发。

• 魔鬼瀑布

　　位于最西边的是"魔鬼瀑布"，魔鬼瀑布气势最为磅礴，以排山倒海之势直落深渊。轰鸣声震耳欲聋。强烈的威慑力使人不敢靠近；"主瀑布"在中间，主瀑布高122米、宽约1800米，落差约93米。流量最大，中间有一条缝隙；东侧是"马蹄瀑布"，它因被岩石遮挡为马蹄状而得名；像巨帘一般的"彩虹瀑布"则位于"马蹄瀑布"的东边，空气中的水点折射阳光，产生美丽的彩虹。彩虹瀑布即因时常可以从中看到七色彩虹而得名。水雾形成的彩虹远隔20千米以外就能看到，彩虹经常在飞溅的水花中闪烁，并且能上升到305米的高度。在月色明亮的晚上，水汽更会形成奇异的月虹；"东瀑布"是最东的一段，该瀑布在旱季时往往是陡崖峭壁，雨季才成为挂满千万条素练般的瀑布。

87

出现危机 ＞

今天对莫西奥图尼亚（维多利亚）瀑布形成的原因，已比利文斯敦时清楚了许多：赞比亚的中部高原是一片300米厚的玄武熔岩，熔岩于2亿年前的火山活动中喷出，那时还没有赞比西河。熔岩冷却凝固，出现格状的裂缝，这些裂缝被松软物质填满，形成一片大致平整的岩席。

约在50万年前，赞比西河流过高原，河水流进裂缝，冲刷掉裂缝中的松软物质形成深沟。河水不断涌入，激荡轰鸣，直至在较低边缘找到溢出口，注进一个峡谷。第一道瀑布就是这样形成。

这一过程并不就此结束，在瀑布口下泻的河水逐渐把岩石边缘最脆弱的地方冲刷掉。河水不住侵蚀断层，把河床向上游深切，形成与原来峡谷成斜角的新

峡谷。河流一步步往后斜切，遇到另一条东西走向的裂缝，再次把里面的松软物质冲刷掉。整条河流沿着格状裂缝往后冲刷，在瀑布下游形成之字形峡谷网。

今天，在下游可看到7个这样的峡谷，每一个都是已消失的瀑布遗址。第八个峡谷就是今天的莫西奥图尼亚/维多利亚瀑布，但是这个峡谷也在侵蚀中。侵蚀速度是每1万年约1.6千米。第九道瀑布可能出现在西端的魔鬼瀑布处。

莫西奥图尼亚/维多利亚瀑布一直在后退。过去50万年里，其曲折河道上出现过多条瀑布，今天所见的是第八条，每一条都出现在河床满布裂缝的熔岩断层上，河水冲刷掉断层里松软的填料后，落入因此形成的隙缝中，并立即侵蚀较脆弱的裂缝，逐渐向后深切成峡谷，直至遇上另一断层。

● 撒哈拉沙漠

撒哈拉沙漠约形成于250万年前，乃世界第二大荒漠，仅次于南极洲。它位于非洲北部，气候条件非常恶劣，是地球上不适合生物生存的地方之一。其总面积约容得下整个美国本土。

"撒哈拉"是阿拉伯语的音译，源自当地游牧民族图阿雷格人的语言，原意即为"沙漠"。

形成原因 〉

（1）北非位于北回归线两侧，常年受副热带高气压带控制，盛行干热的下沉气流，且非洲大陆南窄北宽，受副热带高压带控制的范围大，干热面积广。（2）北非与亚洲大陆紧邻，东北信风从东部陆地吹来，不易形成降水，使北非更加干燥。（3）北非海岸线平直，东侧有埃塞俄比亚高原，对湿润气流起阻挡作用，使广大内陆地区受不到海洋的影响。（4）北非西岸有加那利寒流经过，对西部沿海地区起到降温减湿作用，使沙漠逼近西海岸。（5）北非地形单一，地势平坦，起伏不大，气候单一，易形成大面积的沙漠地区。

自然特征地形 〉

　　撒哈拉沙漠主要的地形特色包括：浅而季节性泛滥的盆地和大绿洲洼地，高地多石，山脉陡峭，以及遍布沙滩、沙丘和沙海。沙漠中最高点为3415米的库西山顶，位于查德境内的提贝斯提山脉；最低点为海平面下133米，在埃及的盖塔拉洼地。撒哈拉沙漠约在500万年之前就以气候型沙漠形式出现，即在上新世早期（530万—340万年前）。自从那时起，它就一直经历着干、湿情况的变动。

• 水系

　　有几条河源自撒哈拉沙漠外，为沙漠内提供了地面水和地下水，并吸收其水系网放出来的水。尼罗河的主要支流在撒哈拉沙漠汇集，河流沿着沙漠东边缘向北流入地中海；有几条河流入撒哈拉沙漠南面的乍得湖，还有相当数量的水继续流往东北方向重新灌满该地区的蓄水层；尼日河水在几内亚的富塔贾隆地区上涨，流经撒哈拉沙漠西南部，然后向南流入海。

• 土壤

　　撒哈拉沙漠的土壤有机物含量低，且常常无生物活动，尽管在某些地区有固氮菌。洼地的土壤常含盐。沙漠边缘上的土壤则含有较集中的有机物质。

● 气候

　　撒哈拉沙漠气候由信风带的南北转换所
控制，常出现许多极端。它有世界上最高的蒸
发率，并且有一连好几年没降雨的最大面积纪
录。气温在海拔高的地方可达到霜冻和冰冻地
步，而在海拔低处可有世界上最热的天气。撒
哈拉沙漠由两种气候情势所主宰：北部是干旱
副热带气候，南部是干旱热带气候。干旱副热
带气候的特征是每年和每日的气温变化幅度
大，冷至凉爽的冬季和炎热的夏季至最高的降
水量。年平均日气温的年幅度约20℃（68℉）。
平均冬季气温为13℃（55℉）。夏季极热。利
比亚的阿济济耶最高气温曾达到创纪录的58℃
（136℉）。

植物 >

　　撒哈拉沙漠植被整体来说是稀少的，高地、绿洲洼地和干河床四周散布有成片的青草、灌木和树。在含盐洼地发现有盐土植物（耐盐植物）。在缺水的平原和撒哈拉沙漠的高原有某些耐热耐旱的青草、草本植物、小灌木和树。撒哈拉沙漠高地残遗木本植物中重要的有油橄榄、柏和玛树。高地和沙漠的其他地方还发现木本植物有金合欢属和蒿属植物、埃及姜果棕、夹竹桃、海枣和百里香。西海岸地带有盐土植物诸如怪柳。草类在撒哈拉沙漠则广泛分布，包括下列品种：

三芒草属、画眉草属和稷属。大西洋沿岸则有马伴草和其他盐生草。各种短生植物组合构成重要的季节性草场，称作短生植被区。

动物 >

撒哈拉沙漠北部的残遗热带动物群有热带鲇和丽鱼类，均发现于阿尔及利亚的比斯克拉和撒哈拉沙漠中的孤立绿洲；眼镜蛇和小鳄鱼可能仍生存在遥远的提贝斯提山脉的河流盆地中。

撒哈拉沙漠的哺乳动物种类有沙鼠、跳鼠、开普野兔和荒漠刺猬；柏柏里绵羊、镰刀形角大羚羊、多加斯羚羊、达马鹿、努比亚野驴、安努比斯狒狒、斑鬣狗、一般的胡狼、沙狐、利比亚白颈鼬和细长的獴。撒哈拉沙漠鸟类超过300种，包括不迁徙鸟和候鸟。沿海地带和内地水道吸引了许多种类的水禽和滨鸟。内地的鸟类有鸵鸟、各种攫禽、鹭鹰、珠鸡和努比亚鸨、沙漠雕鸮、仓鸮、沙云雀和灰岩燕以及棕色颈和扇尾的渡鸦。蛙、蟾蜍和鳄生活在撒哈拉沙漠的湖池中。蜥蜴、避役、石龙子类动物以及眼镜蛇出没在岩石和沙坑之中。撒哈拉沙漠的湖、池中有藻类、咸水虾和其他甲壳动物。生活在沙漠中的蜗牛是鸟类和动物的重要食物来源。沙漠蜗牛通过夏眠之后存活下来，在由降雨唤醒它们之前它们会几年保持不活动。

● 珠穆朗玛峰

珠穆朗玛峰，简称珠峰，又译作"圣母峰"，尼泊尔称为"萨迦玛塔峰"，也叫"艾佛勒斯峰"，位于中华人民共和国和尼泊尔交界的喜马拉雅山脉之上，终年积雪。高度8844.43米，为世界第一高峰，中国最美的、令人震撼的十大名山之一。

珠穆朗玛峰山体呈巨型金字塔状，威武雄壮昂首天外，地形极端险峻，环境非常复杂。雪线高度：北坡为5800—6200米，南坡为5500—6100米。东北山脊、东南山脊和西山山脊中间夹着三大陡壁（北壁、东壁和西南壁），在这些山脊和峭壁之间又分布着548条大陆型冰川，总面积达1457.07平方千米，平均厚度达7260米。冰川的补给主要靠印度洋季风带两大降水带积雪变质形成。冰川上有千姿百态、瑰丽罕见的冰塔林，又有高达数十米的冰陡崖和步步陷阱的明暗冰裂隙，还有险象环生的冰崩雪崩区。

珠峰不仅巍峨宏大，而且气势磅礴。在它周围20千米的范围内，群峰林立，山峦叠障。仅海拔7000米以上的高峰就有40多座，较著名的有南面3千米处的"洛

子峰"（海拔8463米，世界第四高峰）和海拔7589米的卓穷峰，东南面是马卡鲁峰（海拔8463米，世界第五高峰），北面3千米是海拔7543米的章子峰，西面是努子峰（海拔7855米）和普莫里峰（海拔7145米）。在这些巨峰的外围，还有一些世界一流的高峰遥遥相望：东南方向有世界第三高峰干城章嘉峰（海拔8585米，尼泊尔和印度锡金邦的界峰）；西面有海拔7998米的格重康峰、8201米的卓奥友峰和8012米的希夏邦马峰。形成了群峰来朝，峰头汹涌的波澜壮阔的场面。

珠穆朗玛峰较近的一次测量在1999年，是由美国国家地理学会使用GPS全球卫星定位系统测定的，他们认为珠峰的海拔高度应该为8850米。而世界各国曾经公认的珠穆朗玛峰的海拔高度由中华人民共和国登山队于1975年测定，是海拔8848.13米。但外界也有8848米、8840米、8850米、8882米等多种说法。2005年5月22日中华人民共和国重测珠峰高度，测量登山队成功登上珠穆朗玛峰峰顶，再次精确测量珠峰高度，珠峰新高度为8844.43米，而峰顶位于中国。同时停用1975年8848.13米的数据。

珠峰所在的喜马拉雅山地区原是一片海洋，在漫长的地质年代，从陆地上冲刷下来大量的碎石和泥沙，堆积在喜马拉雅山地区，形成了这里厚达3万米以上的海相沉积岩层。以后，由于强烈的造山运动，使喜马拉雅山地区受挤压而猛烈抬升，据测算，平均每1万年大约升高20—30米，直至如今，喜马拉雅山区仍处在不断上升之中，每100年上升7厘米。

随着时间的推移，珠穆朗玛峰的高度还会因为地理板块的运动，而不断变化。有趣的是，珠穆朗玛峰虽然是世界第一高峰，但是它的峰顶却不是距离地心最远的一点，这个特殊的点属于南美洲的钦博拉索山（已知太阳系最高峰是海拔27000米的火星奥林匹斯山）。珠穆朗玛峰高大巍峨的形象，一直在当地以及全世界的范围内产生着巨大的影响。

99

珠穆朗玛峰的名称由来

藏语"珠穆朗玛 jo-mo glang-ma ri"就是"大地之母"的意思。藏语 Jo-mo "珠穆"是女神的之意，glang-ma "朗玛"应该理解成母象（在藏语里，glang-ma 有两种意思：高山柳和母象）。神话说珠穆朗玛峰是长寿五天女所居住的宫室。不过还有一种英文说法在中学课本里面多次出现，即 Mount Qomolangma 或 Qomolangma Mount。西方普遍称这山峰"额菲尔士峰"或"艾佛勒斯峰"，是纪念英国人占领尼泊尔之时，负责测量喜马拉雅山脉的印度测量局局长乔治·额菲尔士。尼泊尔语名是萨迦玛塔，意思是"天空之女神"。这名字是尼泊尔政府 20 世纪 60 年代起名的。由于此前，尼泊尔人民没有给这山峰起名，而政府由于政治原因没有选择用音译名称。

1258 年出土的《莲花遗教》以"拉齐"称之，噶举派僧人桑吉坚赞《米拉日巴道歌集》称珠穆朗玛峰所在地为"顶多雪"。1717 年，清朝测量人员在珠穆朗玛峰地区测绘《皇舆全览图》，以"朱姆朗马阿林"命名，"阿林"是满语，意思是"山"。1952 年中国政府更名为珠穆朗玛峰。1952 年，中国中央人民政府内务部、出版总署通报"额菲尔士峰"应正名为"珠穆朗玛峰"。2002 年，《人民日报》发表了一篇文章，认为西方世界使用的英文名称"Mount Everes"应正名为其藏语名字"珠穆朗玛峰"。该报认为，西方使用英语名称"额菲尔士峰"前 280 年前中国的地图上标志已以"珠穆朗玛"命名。在我国台湾，一直以"圣母峰"称呼此山，并在教科书中采用此意译；近年来开始有人接受中国大陆"珠穆朗玛峰"的名称，但仍不普遍。

登山记录 〉

1921年，第一支英国登山队在查尔斯·霍华德·伯里中校的率领下开始攀登珠穆朗玛峰，到达海拔7000米处。

1922年，第二支英国登山队是用供氧装置到达海拔8320米处。

1924年，第三支英国登山队攀登珠穆朗玛峰时，乔治·马洛里和安德鲁·欧文在使用供氧装置登顶过程中失踪。马洛里的遗体于1999年在海拔8150米处被发现，而他随身携带的照相机失踪，故无法确定他和欧文是否是登顶成功的世界第一人。

1953年5月29日，34岁来自新西兰的登山家埃德蒙·希拉里作为英国登山队队员与39岁的尼泊尔向导丹增·诺尔盖一起沿东南山脊路线登上珠穆朗玛峰，是纪录上第一个登顶成功的登山队伍。

1956年，以阿伯特·艾格勒为首的瑞士登山队在人类历史上第二次登上珠穆朗玛峰。（有准确记录以来）1960年5月25日，我国的王富洲、贡布（藏族）、屈银华首次登上珠穆朗玛峰。此次攀登，也是首次从北坡攀登成功。

1963年，以诺曼·迪伦弗斯为首的美国探险队首次从西坡登顶成功。

1975年，日本人田部井淳子成为世界上首位从南坡登上珠穆朗玛峰的女性。次年，中国登山队第二次攀登珠峰，9名队员登顶。其中藏族队员潘多成为世界上第一位从北坡登顶成功的女性。

1978年，奥地利人彼得·哈贝尔和意大利人赖因霍尔德·梅斯纳首次未带氧气瓶登顶成功。

1980年，波兰登山家克日什托夫·维里克斯基第一次在冬天攀登珠穆朗玛峰成功。

1988年，中国、日本、尼泊尔三国联合登山队首次从南北两侧双跨珠穆朗玛峰成功。

101

1996年，包括著名登山家罗布·哈尔在内的15名登山者在登顶过程中牺牲，是历史上攀登珠穆朗玛峰牺牲人数最多的一年。

1998年，美国人汤姆·惠特克成为世界上第一个攀登珠穆朗玛峰成功登顶的残疾人。

2000年，尼泊尔著名登山家巴布·奇里从大本营出发由北坡攀登，耗时16小时56分登顶成功，创造了登顶的最快纪录。

2001年，美国人维亨迈尔成为世界上首个登上珠穆朗玛峰的盲人。

2005年，中华人民共和国第四次珠峰地区综合科考高度测量登山队成功攀登珠峰并测量珠峰高度数据。

奥运圣火传递 ＞

北京时间2008年5月8日上午9时17分，北京奥运火炬接力珠峰传递中国登山队顺利登顶珠峰，藏族女队员次仁旺姆在峰顶高擎熊熊燃烧的奥运火炬，"祥云"火炬在世界最高峰熊熊燃烧。这是奥运圣火第一次登顶珠穆朗玛峰，奥运永恒不熄的火焰达到一个前所未有的高度，这无疑是奥运历史上最伟大的壮举之一，北京奥运火炬接力珠峰传递圆满成功。

气候 〉

珠峰地区及其附近高峰的气候复杂多变，即使在一天之内，也往往变化莫测，更不用说在一年四季之内的翻云覆雨。大体来说，每年6月初至9月中旬为雨季，强烈的东南季风造成暴雨频繁，云雾弥漫，冰雪肆虐无常的恶劣气候。11月中旬至翌年2月中旬，因受强劲的西北寒流控制，最低气温可达-60℃，平均气温在-40℃—-50℃之间。最大风速可达90米/秒。每年3月初至5月末，这里是风季过渡至雨季的春季，而9月初至10月末是雨季过度至风季的秋季。在此期间，有可能出现较好的天气，是登山的最佳季节。由于气候极度寒冷，又被称为世界第三极，据珠峰脚下的定日气象站的无线电探空

资料表明，在海拔7500米的高度上最冷在2月，其平均气温为-27.1℃，最热是8月，平均气温-10.4℃，年平均气温为-19.6℃；而在海拔9400米高度上最冷也在2月（-40.5℃），最热也在8月（-23.7℃），年平均气温为-33.0℃，因而珠峰高度上的年平均气温约为-29.0℃左右，1月平均气温-37℃，7月平均气温-20℃左右。

珠穆朗玛峰旗云 〉

眺望珠穆朗玛峰，确实神奇美丽，无论那云雾之中的山峦奇峰，还是那耀眼夺目的冰雪世界，无不引起人们莫大的兴趣。不过，人们最感兴趣的，还是飘浮在峰顶的云彩。这云彩好像是在峰顶上飘扬着的一面旗帜，因此这种云被形象地称为旗帜云或旗状云。

珠穆朗玛峰旗云的形状千姿百态，时而像一面旗帜迎风招展，时而像波涛汹涌的海浪，忽而变成袅娜上升的炊烟，刚刚似万里奔腾的骏马，一会儿又如轻轻飘动的面纱。这一切，使珠穆朗玛峰增

添了不少绚丽壮观的景色，堪称世界一大自然奇观。

有经验的气象工作者或登山队员，常常根据珠穆朗玛峰旗云飘动的位置和高度，来推断峰顶高空风力的大小。如果旗云飘动的位置越向上掀，说明高空越小，越向下倾，风力越大；若和峰顶平齐，风力约有九级。又如印度低压过境前，旗云的方向由峰顶东南侧往西北移动，反映高空已改吹东南风，低压系统即将来临，接着低压过境，常伴有降雪。

自然保护区 〉

日喀则地区珠穆朗玛峰国家级自然保护区成立于1988年，位于西藏定日县中尼边境处，是世界上最独特的生物地理区域。珠峰自然保护区属综合性自然保护区，由核心保护区、科学实验区和经济发展区三部分组成。保护区内高山峡谷和冰川雪峰极为壮观，全世界超过8000米的14座山峰中，这里拥有5座。

珠穆朗玛峰是世界最高大的山系喜马拉雅山的主峰，海拔8844.43米，为世界第一高峰。珠穆朗玛为藏语的音译，意为"女神第三"。山体呈金字塔状，山上冰川面积达1万平方千米，最长之冰川达26千米。山峰上部终年为冰雪覆盖，地形陡峭高峻。是世界登山运动瞩目和向往的地方。山间有孔雀、长臂猿、藏熊、雪豹、藏羚等珍禽奇兽及多种矿藏。

高度之争 〉

1975年7月23日，中国政府授权新华社向全球宣布：中国测绘工作者精确测得世界最高峰珠穆朗玛峰的海拔高度为8848.13米。这一数据得到了全世界的认可，从此在权威的地图等出版物中，珠峰高度为海拔8848米或8848.1米。

1852年印度测量局用大地测量的方法测出珠穆朗玛峰高度为8840米；1954年，印度地理学家以珠峰南侧不同位置为基准测量，得出海拔8848米的结果。至今，尼泊尔称珠穆朗玛峰为萨迦玛塔峰，高度为海拔8848米。

1999年，美国全国地理学会运用当时全球卫星定位系统测量，博尔德科罗拉多大学在对测量数据进行分析后，计算出珠峰的海拔高度为8850米。

2005年10月9日，根据《中华人民共和国测绘法》，珠峰高程新数据经国务院批准并授权，由国家测绘局公布。正式宣布2005珠峰高程测量获得的新数据为：珠穆朗玛峰峰顶岩石面海拔高程8844.43米。参数：珠穆朗玛峰峰顶岩石面高程测量精度±0.21米；峰顶冰雪深度3.50米。原1975年公布的珠峰高程数据停止使用。

● 马里亚纳海沟

马里亚纳海沟位于菲律宾东北、马里亚纳群岛附近的太平洋底，亚洲大陆和澳大利亚之间，北起硫黄列岛、西南至雅浦岛附近。其北有阿留申、千岛、日本、小笠原等海沟，南有新不列颠和新赫布里底等海沟。全长2550千米，为弧形，平均宽70千米，大部分水深在8000米以上。最大水深在斐查兹海渊，为11034米，是地球的最深点。这条海沟的形成据估计已有6000万年，是太平洋西部洋底一系列海沟的一部分。

沟底世界 >

如果把世界最高的珠穆朗玛峰放在沟底，峰顶将不能露出水面。不少登山家成功地征服了珠穆朗玛峰，但探测深海的奥秘却是极其困难的。1960年1月，科学家首次乘坐"的里雅斯特"号深海潜水器，首次成功下潜至马里亚纳海沟底进行科学考察。海沟底部高达1100个大气压的巨大水压，对于人类是一个巨大的挑战。深海是一个高压、漆黑和冰冷的世界，通常的温度是2℃（在极少数的海域，受地热的影响，洋底水温可高达380℃）。令人惊奇的是，在这样深的海底，科学家们竟然看到有一条比目鱼和一只小红虾在游动。有的理论认为深海海沟的形成主要原因是地壳的剧烈凹陷。

形成原因 >

马里亚纳海沟位于北太平洋西部马里亚纳群岛以东，为一条洋底弧形洼地，延伸2550千米，平均宽69千米。主海沟底部有较小陡壁谷地。1957年苏联调查船测到10990米深度，后又有11034米的新记录。1960年美国海军用法国制造的"的里雅斯特号"深海潜水器，创造了潜入海沟10911米的纪录。一般认为海洋板块与大陆板块相互碰撞，因海洋板块岩石密度大，位置低，便俯冲插入大陆板块之下，进入地幔后逐渐熔化而消失。在发生碰撞的地方会形成海沟，在靠近大陆一侧常形成岛弧和海岸山脉。这些地方都是地质活动强烈的区域，表现为火山爆发和地震。

海沟探秘 〉

1899年，人类在关岛东南首先测到内罗渊的深度为9660米。这一纪录一直保持了30年。1929年在其附近测出了9814米的深度。1951年英国皇家海军挑战者二号首度测量海沟，其最深处便以挑战者深渊为名。挑战者二号以回波定位方式于北纬11度19分、东经142度15分，测出10900米的深度。此方式是以探针通过渐层深度，反复发送声波，再以耳机捕捉回波，并将回波器的速率，以手持码表计时完成。因此正式提报新的最深距离时，按照谨慎的做法，应将所测深度减去一个尺度较妥，从而得出10863米的数据。1957年苏联科学院海洋研究所的一艘海洋考察船"斐查兹"号对马里亚纳海沟进行了详细的探测，并用超声波探测仪于8月18日在它的西南部发现了一条特别深的海渊，1960年美国海军"的里雅斯特"号深潜器创造了潜入海沟10916米的世界纪录。总有一天，人们会潜到马里亚纳海沟的最深点探寻海沟的奥秘。在发生碰撞的地方会形成海沟，在靠近大陆一侧常形成岛弧和海岸山脉。这些地方都是地质活动强烈的区域，表现为火山和地震。

1962年机动载具"史宾塞·傅乐顿·拜尔德号"测得最深10915米。1984年日本人将高能专业探测航具"拓洋号"

109

送入马里亚纳海沟，以多窄波束回波定位仪收集资料，测得最大深度为11040.41米（也记录为10920±10米2）。国外一般则采用深10924米，如美国中央情报局及世界概况。最为精确的纪录则由日本探测艇海沟号于1995年3月24日测得深度10911米。

2012年3月26日，美国好莱坞著名导演詹姆斯·卡梅隆独自乘坐潜艇"深海挑战者"号，下潜近11千米，探底西太平洋马里亚纳海沟。关岛当地时间26日7:52，即北京时间5:52，卡梅隆成功下潜至世界海洋的最深处——马里亚纳海沟的挑战者海渊底部，当地时间26日上午返回水面。这是人类第二次探底马里亚纳海沟，卡梅隆是单枪匹马潜至这一"地球最深处"的第一人。

2012年6月27日，"蛟龙"号于北京时间5时29分顺利下潜入水，开始7000米级海试第5次下潜。经过3个多小时的下潜，于北京时间11点47分到达水下7062.68米的深度，超过上次下潜深度43米，创造中国载人潜水器的新纪录。

沟底生物 >

潜水员曾在千米深的海水中见到过人们熟知的虾、乌贼、章鱼、枪乌贼，还有抹香鲸等大型海兽类；在2000—3000米的水深处发现成群的大嘴琵琶鱼；在8000米以下的水层，发现仅18厘米大小的新鱼种。在马里亚纳海沟最深处则很少能看到动物了。假如人们不是亲眼见到这许多的深海生命体，只听其传言，会以为这是天方夜谭。因为，这些看起来十分柔弱的生命，首先要经受起数百个大气压力的考验。就拿人们在7000多米的水下看到的小鱼来说，实际上它要承受700多个大气压力。这就是说，这条小鱼在我们人手指甲那么大小的面积上，时时刻刻都在承受着700千克的压力。这个压力，可以把钢制的坦克压扁。而令人不可思议的是，深海小鱼竟能照样游动自如。在万米深的海渊里，人们见到了几厘米的小鱼和虾。这些小鱼虾，承受的压力接近一吨重。深海鱼类能承受海底如此巨大的压力是因为深海鱼类为适应环境，它的身体的生理机能已经发生了很大变化。这些变化反映在深海鱼的肌肉和骨骼上。由于深海环境的巨大水压作用，鱼的骨骼变得非常薄，而且容易弯曲，肌肉组织变得特别柔韧，纤维组织变得出奇的细密。更有趣的是，鱼皮组织变得仅仅是一层非常薄的层膜，它能使鱼体内的生理组织充满水分，保持体内外压力的平衡。这就是深海鱼类为什么在如此巨大的压力条件下也不会被压扁的原因。

111

海沟内的微生物 >

1960年1月23日，瑞士著名深海探险家雅克·皮卡尔与美国海军中尉沃尔什乘着"的里雅斯特"深水探测器，成功潜入世界上最深的海沟马里亚纳海沟，下潜深度10916米，创造了当时最深的潜水深度。这个深度的水压高达1100个大气压，对于人类来讲是个巨大的挑战。当他们潜到9785米深的时候，潜水器发生了剧烈的震动，导致一块19厘米厚的舷窗玻璃出现了轻微的裂痕。雅克·皮卡尔非常担心会有意外发生，但是他不愿放弃这次难得的机会。"我们继续下潜，就像刚才一样。没有多余的废话，我和同伴一致决定。"雅克曾在回忆这次潜水时说，"这

并不长的11千米的距离，花了他们5个多小时的时间。"但巨大的水压使得他们仅仅在海底呆了20分钟后就不得不返回。雅克·皮卡尔在这里发现了许多人类从未见过的深海动物：30厘米长的样子像海参的欧鲽鱼，形状扁平的鱼。在深海这个高压、漆黑、冰冷的世界，居然还有生物悠闲自在地生活着，让他们很震惊：

"那趟旅行最有趣的发现是那些从潜水器舷窗外游过的鱼类，我们震惊地发现在那么深的海底，竟然还生活着一些相当高级的海洋生命。"因为在此之前，科学界已经认定如此深的海域中绝对不可能有生物存活下来。

海沟矿藏 〉

　　2011年1月，一个国际科研团队通过对世界最深海沟马里亚纳海沟的考察，发现那里储存着大量碳，这意味着海沟在调节地球环境方面的作用比人们之前认识的更为重要。马里亚纳海沟就像是个沉淀物收集器，被海沟里细菌转化的碳的量比6000米深的海底平原上的碳含量高。这说明了海沟里碳含量比研究人员此前认为的高，他们以前没意识到深海里还有这么一个二氧化碳收集槽。

科学家们下一步的想法是把研究结果量化，算出深海海沟里的碳含量到底比其他海域多出多少，而细菌转化的碳的量具体是多少，这些数据能帮助科研人员更好了解深海海沟在调节气候方面的作用。

死海

死海位于约旦和巴勒斯坦交界，是世界上最低的湖泊，湖面海拔负422米，死海的湖岸是地球上已露出陆地的最低点，湖长67千米，宽18千米，面积810平方千米。死海也是世界上最深的咸水湖，最深处380米，最深处湖床海拔-800米，湖水盐度达300克/升，为一般海水的8.6倍。死海的盐分高达30%，也是地球上盐分居第二位的水体。盐分居世界第一位的吉布提阿萨勒湖，位于巴勒斯坦、西岸和约旦之间的大裂谷约旦裂谷。

死海是世界陆地表面最低点，有"世界的肚脐"之称。死海里高浓度盐分的水中没有生物存活，甚至连死海沿岸的陆地上也很少有生物，因此被称为死海。巴勒斯坦和约旦之间的内陆盐湖，地球陆地上最低的水域，（地球最深为马里亚纳海沟）水面平均低于海平面约400米。北半部属于约旦；南半部由约旦和以色列瓜分。然而在1967年以阿战争后，以色列军队一直占领整个西岸。

死海名称由来

死海湖中及湖岸均富含盐分，在这样的水中，鱼儿和其他水生物都难以生存，水中只有细菌和绿藻，没有其他生物；岸边及周围地区也没有花草生长，故人们称是为"死海"。

地理位置及水域规模 >

死海位于约旦—死海地沟（560千米长）的最低部，是东非裂谷的北部延续部分。这是一块下沉的地壳夹在两个平行的地质断层崖之间。从该湖看沿摩押高原边缘的东部断层崖比代表坡度较小的犹太隆皱特征的西部断层崖更为清晰。死海是一个内陆盐湖，位于巴勒斯坦和约旦之间的约旦谷地。西岸为犹太山地，东岸为外约旦高原。约旦河从北注入。约旦河每年向死海注入5.4亿立方米水，另外还有4条不大但常年有水的河流从东面注入，由于夏季蒸发量大，冬季又有水注入，所以死海水位具有季节性变化，从30—60厘米不等。

地貌特征 >

死海形成在大裂谷地区，像是一个巨大的集水盆地。据传，《创世记》中所记载上帝毁灭的罪恶之城所多玛城与蛾摩拉城都沉没于死海南部水底，。

死海水面平均低于海平面约415米，是地球表面的最低点。死海由地壳断裂而成，是断层湖。

死海长80千米，宽18千米，表面面积约1020平方千米，最深处400米。湖东的利桑半岛将该湖划分为两个大小深浅不同的湖盆；北面的较大，包括该湖总表面面积的3/4左右，深400米；南面的小而浅（平均不到3米）。在圣经时代和公元8世纪以前，仅在北面湖盆周围有人居住，

气候特征 〉

死海位于沙漠中，降雨极少且不规则。利桑半岛年降雨量为65毫米。冬季气候温暖，夏季炎热。湖水年蒸发量平均为1400毫米，因此湖面往往形成浓雾。湖水上层水温19℃—37℃，盐度低于300‰，富含硫酸盐与碳酸氢盐。底层水温22℃，盐度332‰，富含硫化物、镁、钾、氯、溴；其底部饱含钠与氯化物。南岸塞杜姆有化工厂及盐场。

据说死海冬无冰冻，夏季又非常炎热，造成湖水每年蒸发约1400毫米，常常

当时湖面比20世纪末的水平约低35米。1896年湖面升至最高水平（低于海平面389米）。1935年后，湖面再度下降。

是湖面上雾气腾腾。死海地区的气温太高，致使从约旦河流入死海的几乎所有的水（每天40—65亿升）都干涸了，留下了更多的盐。

死海位于沙漠中。降雨极少且不规则。利桑半岛年降雨量约为65毫米，塞多姆城（靠近历史上的所多玛城）只有50毫米左右。由于该湖的海拔很低，有遮蔽物，冬季气候温暖宜人，1月南端塞多姆城平均温度17℃，北端14℃；湖水无冰冻情形。夏季则非常炎热，8月塞多姆城平均温度34℃，最高纪录达51℃。湖水蒸发——估计每年蒸发量平均约为1400毫米——往往在湖上形成浓雾。河上大气湿度从5月份的45%至10月份的62%不等。湖面和陆地常有微风，白昼湖上的风向四面八方吹去，到了夜间又反过来吹向湖中心。水源来自约旦河，冬季和春季水量较大，平均每年5.4亿立方米。4条不大但常年不断的河流从东部由

约旦穿过深深的山峡直泻而下：欧宰姆河、札尔卡梅恩河、马吉卜河和哈萨河。来自许多其他河流的河水时而短时间地从邻近高地或阿拉伯谷地流入。含有硫黄的热泉水亦注入河中。由于夏季湖水蒸发，特别是冬季和春季又有河水流入，湖水水平出现季节性变化，从30—60厘米不等。

独特的海水 〉

死海水含盐量极高，且越到湖底越高，是普通海洋含盐分的10倍。最深处有湖水已经化石化。由于盐水浓度高，游泳者极易浮起。湖中除细菌外没有其他动植物。涨潮时从约旦河或其他小河中游来的鱼立即死亡。岸边植物也主要是适应盐碱地的盐生植物。死海是很大的盐储藏地。死海湖岸荒芜，固定居民点很少，偶见小片耕地和疗养地等。在深水中达到饱和的氯化钠沉淀为化石化。一般海水含盐量为35‰，死海的含盐量达230‰—250‰。在表层水中，每升的盐分就达227—275克，所以说，死海是一个大盐库。据估计，死海的总含盐量约有130亿吨。但近年来科学家们发现，死海湖底的沉积物中仍有绿藻和细菌存在。湖水呈深蓝色，非常平静、富含盐类的水使人不会下沉或无法游泳。把一只手臂放入水中，另一只手臂或腿便会浮起。如果要将自己浸入水中，则应将背逐渐倾斜，直到处于平躺状态。

死海中实际上有两个不同的水团。自水面至40米深处，水温19—37℃不等，含盐量略低于300‰，水中含有丰富的硫酸盐和碳酸氢盐。在40—100米的过渡地带后，下层水温度不变，约为22℃，含盐量更高（大约为332%），含有硫化氢和高浓度的锰、镁、钾、氯和溴。深水中有饱和的氯化钠沉淀到湖底。下层水已化石化（即很咸和很浓，长期沉在湖底）；上层水是圣经时代后几世纪时的古代水。由于盐水浓度很高，游泳者容易浮起。约旦河的淡水留在表面；在春季，顺湖水看去，远在河水注入死海的入口以南50千米处都可看见其泥土色。

死海传说

死海是怎样形成的呢？请先听一个古老的传说吧。远古时候，这儿原来是一片大陆。村里男子们有一种恶习，先知鲁特劝他们改邪归正，但他们拒绝悔改。上帝决定惩罚他们，便暗中谕告鲁特，叫他携带家眷在某年某月某日离开村庄，并且告诫他离开村庄以后，不管身后发生多么重大的事故，都不准回过头去看。鲁特按照规定的时间离开了村庄，走了没多远，他的妻子因为好奇，偷偷地回过头去望了一眼。瞬间，好端端的村庄塌陷了，出现在她眼前的是一片汪洋大海，这就是死海。她因为违背上帝的告诫，立即变成了石人。

虽然经过多少世纪的风雨，她仍然立在死海附近的山坡上，扭着头日日夜夜望着死海。上帝惩罚那些执迷不悟的人们：让他们既没有水喝，也没有水种庄稼。这当然是神话，是人们无法认识死海形成过程的一种猜测。其实，死海是一个咸水湖，它的形成是自然界变化的结果。死海地处约旦和巴勒斯坦之间南北走向的大裂谷的中段死海的源头主要是约旦河，河水含有很多的矿物质。河水流入死海，不断蒸发，矿物质沉淀下来，经年累月，越积越多，便形成了今天世界上最咸的咸水湖——死海。

死海神奇的功效

死海虽让大部分动植物在那里无法生存，但对人类的照顾却是无微不至的，因为它会让不会游泳的人在海中游泳。任何人掉入死海，都会被海水的浮力托住，这是因为死海中的水的比重是1.17—1.227，而人体的比重只有1.02—1.097，水的比重超过了人体的比重，所以人就不会沉下去。旅行社的导游们拍下了一幅幅令人不可思议的照片：游客们悠闲地仰卧

在海面上，一只手拿着遮阳的彩色伞，另一只手拿着一本画报在阅读，随波漂浮。死海的海水不但含盐量高，而且富含矿物质，常在海水中浸泡，可以治疗关节炎等慢性疾病。因此，每年都吸引了数十万游客来此休假疗养。死海海底的黑泥含有丰富的矿物质，成为市场上抢手的护肤美容品。以色列在死海边开设了几十家美容疗养院，将疗养者浑身上下涂满黑泥，只露出两只眼睛和嘴唇。富含矿物质的死海黑泥，由于健身美容的特殊功效，使它成为以色列和约旦两国宝贵的出口产品。死海是世界上最早的疗养胜地（从希律王时期开始），湖中大量的矿物质含量具有一定安抚、镇痛的效果。成千上万的人从世界各地来到死海以求恢复他们的精力和健康。死海神奇的功效来自以下几个方面：

阳光：太阳在一年里几乎每一天都照射着死海。由于该地区在海平面之下，因此阳光要穿过特别厚的大气层。这样就阻挡了部分紫外线，人们可以在这里放心地长时间晒太阳。

矿物质丰富的大气：海水蒸发后留下一批独特的氧化盐——镁、钠、钾、钙和溴。溴以其具有镇静疗效而闻名，它在

死海周围空气中的密度比在地球其他任何地方高出20倍。

矿物质温泉：富含高浓度的盐和硫化氢。死海泥含有大量的硫化物和矿物质。它能很好地保温，清洁皮肤，减轻关节痛。

温度和湿度：干燥的暖空气、连续不断的高温和稀少的雨量。

高气压：死海是地球上气压最高的地方。空气中含有大量的氧，让人感到呼吸自在。

花粉少：气候干燥、植物稀少，没有过敏原。

●中国四大自然奇观

吉林雾凇 ＞

　　位于北国江城吉林市松花江畔，冬季气温可降至–30℃，由于气温低，多偏南风，空气湿度大，加之丰满水电站泄水增温影响，水温在4℃左右，使水蒸气不断排放，水汽附在过冷的物体上，形成雾凇奇观，俗称"树挂"。因为雾凇有净化空气的内在功能，所以在看雾凇之时会感到空气十分新鲜。然而当地也有一句俗语："夜看雾，晨看挂，待到近午看落花。"描写了琼枝玉树般的雾凇形成的过程。

云南石林

当地表水沿可溶性岩坡面流动，溶蚀侵蚀的凹槽为溶沟，溶沟之间残存的石脊突起称石芽，大型的石芽称石林。石林高度较大，呈柱形、锥形、塔状、笋状、剑状、菌状等。美在壮观，美在奇绝。

长江三峡 〉

三峡西起重庆奉节白帝城，东至湖北宜昌南津关，全长193千米，由瞿塘峡、巫峡、西陵峡组成。瞿塘峡雄奇壮丽，有夔门天下雄之说；巫峡多秀峰云雾，以绮丽闻名；西陵峡滩多流急，以险著称。三峡沿岸有古悬棺、古栈道、白帝城、屈原祠、昭君故里、三峡大坝等人文景观。三峡大坝修建后已不复原貌。长江三峡是瞿塘峡、巫峡和西陵峡的总称。中国著名峡谷和风景名胜区。位于四川省的奉节、巫山和湖北的巴东、秭归、宜昌5县之间，西起奉节白帝城，东止宜昌南津关，全长208千米，其中属峡谷段的约为97千米，是世界较长的峡谷之一。以峡长壁陡、谷窄滩多、水急浪大和峰奇洞多为特征。三峡中瞿塘峡居于西，又称夔峡，包括风箱峡、错门峡两小峡，从白帝城到巫山大溪长8千米，是三峡中最短、最窄而又最雄伟的峡谷。向东为巫峡，又称大峡，包括金盔银甲峡和铁棺峡两峡谷，西起巫山大宁河口，东抵巴东官渡口，东西绵延46千米，是三峡中最长、最整齐的峡谷。再向东为西陵峡，西从秭归的香溪口，东止宜昌的南津关，全长75千米。其中，西有兵书宝剑峡和牛肝马肺峡，共长18千米；东有崆岭峡（黄猫峡，长24千米）和灯影峡长江三峡两岸高差500—1000米，谷坡陡达50—70度。长江流经三峡时，江面紧束，一般宽250—350米，最窄处100—150米，船只航行于三峡之中常有"峰与天关接，舟从地窖行"之感。三峡河段险滩林立，暗礁密布，有"三里一湾，五里一滩"之说，航路艰险。

桂林山水 >

　　漓江水清澈碧透，"群峰倒影山浮水"、"曲水长流花月妍"。漓江整体风貌素以山青水秀、洞奇、石美四奇蜚声天下，自古有"桂林山水甲天下"之誉。桂林漓江风景区是世界上规模最大、风景最美的岩溶山水旅游区，千百年来不知陶醉了多少文人墨客。桂林漓江风景区以桂林市为中心，北起兴安灵渠，南至阳朔，由漓江一水相连。桂林山水向以"山青、水秀、洞奇"三绝闻名中外。其中一江（漓江），两洞（芦笛岩、七星岩），三山（独秀峰、伏波山、叠彩山）最具代表性，它们基本上是桂林山水的精华所在。

图书在版编目（CIP）数据

全球最美的自然奇观 / 张静编著. -- 北京：现代出版社，2016.7（2024.12重印）

ISBN 978-7-5143-5219-1

Ⅰ.①全…　Ⅱ.①张…　Ⅲ.①自然地理－世界－普及读物　Ⅳ.①P941-49

中国版本图书馆CIP数据核字（2016）第160841号

全球最美的自然奇观

作　　者：张静

责任编辑：王敬一

出版发行：现代出版社

通讯地址：北京市朝阳区安外安华里 504 号

邮政编码：100011

电　　话：010-64267325　64245264（传真）

网　　址：www.1980xd.com

电子邮箱：xiandai@cnpitc.com.cn

印　　刷：唐山富达印务有限公司

开　　本：700mm×1000mm　1/16

印　　张：8

印　　次：2016年7月第1版　2024年12月第4次印刷

书　　号：ISBN 978-7-5143-5219-1

定　　价：57.00 元